Zewdie Kassa Tessema

Introdução às plantas de semente

Zewdie Kassa Tessema

Introdução às plantas de semente

Gimnospérmicas e Angiospérmicas: Evolução, Diversidade, Classificação, Biologia; Importância Ecológica e Económica

ScienciaScripts

Imprint
Any brand names and product names mentioned in this book are subject to trademark, brand or patent protection and are trademarks or registered trademarks of their respective holders. The use of brand names, product names, common names, trade names, product descriptions etc. even without a particular marking in this work is in no way to be construed to mean that such names may be regarded as unrestricted in respect of trademark and brand protection legislation and could thus be used by anyone.

Cover image: www.ingimage.com

This book is a translation from the original published under ISBN 978-620-8-06521-8.

Publisher:
Sciencia Scripts
is a trademark of
Dodo Books Indian Ocean Ltd. and OmniScriptum S.R.L publishing group

120 High Road, East Finchley, London, N2 9ED, United Kingdom
Str. Armeneasca 28/1, office 1, Chisinau MD-2012, Republic of Moldova, Europe
Printed at: see last page
ISBN: 978-620-8-24042-4

Conteúdo

Prefácio

A longa exposição ao ensino de diferentes cursos de ciências botânicas (ficologia, briopitecos e pteridófitos, **plantas com sementes**, fisiologia vegetal e **taxonomia vegetal**) ajudou-me a compreender os principais problemas relacionados com os resultados de aprendizagem dos estudantes em relação aos livros de texto e materiais de referência disponíveis. Isso, por sua vez, levou-me a procurar abordagens para resolver a atual escassez de materiais de leitura bem preparados, de acordo com o Currículo Nacional Harmonizado, nas áreas das Ciências Botânicas, bem como nos cursos de Taxonomia Vegetal oferecidos nas instituições académicas de ensino superior da Etiópia. Além disso, os pedidos de livros de texto (material de leitura) dos meus alunos durante as aulas encorajaram-me cada vez mais a preparar material didático relevante e atualizado que inclua todos os conteúdos do curso de acordo com os objectivos e o programa do curso. Além disso, é muito difícil obter esses materiais de referência nos mercados locais, quando necessário. Também é difícil comprar online, quando disponível, devido aos preços elevados que são incomportáveis ou a outros inconvenientes financeiros.

Este livro, intitulado: "**Text Book of Botany**", trata de uma breve panorâmica da evolução, diversidade, classificação e biologia das plantas vasculares com sementes. As principais classes de plantas com sementes: Gimnospérmicas e Angiospérmicas (monocotiledóneas e dicotiledóneas) com as respectivas caraterísticas distintivas são tratadas em pormenor. A descrição de algumas famílias de plantas selecionadas, as adaptações das plantas a ambientes stressantes (fisiologia do stress das plantas), a importância ecológica e económica das plantas com sementes são também tópicos destacados no livro. Finalmente, no último capítulo, é feita uma introdução às técnicas de herbário.

O livro está preparado de uma forma muito mais condensada, clara e facilmente compreensível para os leitores. Os estudantes podem digerir melhor as partes mais importantes da matéria durante as aulas teóricas, o trabalho de campo e a atividade prática no laboratório, bem como adquirir informações mais pormenorizadas a partir de fontes bibliográficas relevantes. Embora o livro se destine a servir como livro de texto para tópicos em "**Plantas com Sementes, Morfologia Vegetal, Anatomia e Fisiologia Vegetal**", também pode ser usado como material de referência para o ensino de outros cursos de ciências botânicas, como **taxonomia vegetal e botânica geral**. O livro está dividido em oito tópicos principais com os respectivos subtópicos:

Tópico 1: Introdução às plantas com sementes. Principais caraterísticas, origem e diversificação, classificação e critérios de classificação são os principais pontos abordados neste tópico.

Tópico 2: As gimnospérmicas são discutidas neste tópico. Os principais pontos incluídos são: classificação das gimnospérmicas, principais caraterísticas das gimnospérmicas, famílias representativas das gimnospérmicas, distribuição das gimnospérmicas e utilizações das gimnospérmicas.

Tópico 3: Angiospérmicas; caraterísticas gerais, caraterísticas diagnósticas e classificação das angiospérmicas são discutidas aqui.

Tópico 4: Estruturas vegetativas das plantas com flores. A estrutura da raiz e do caule, as caraterísticas das raízes e do caule, os tipos de raiz e de caule, a estrutura da folha, a diversidade das folhas, a forma da folha, a disposição da folha, a venação da folha, o ápice da folha, a margem da folha e a base da folha são tópicos brevemente abordados.

Tópico 5: Estruturas reprodutivas das plantas com flor. Neste tópico, são abordadas a estrutura de uma flor, a inflorescência, o fruto e a semente e os tipos de frutos.

Tópico 6: Algumas famílias representativas de angiospérmicas. Descrições de famílias selecionadas, adaptação de plantas superiores a ambientes stressantes, importância ecológica e económica de plantas com sementes são destacadas.

Tópico 7: **Introdução às técnicas de herbário**. São abordadas as técnicas básicas de campo e de herbário, recolha, prensagem, secagem e identificação de famílias selecionadas de plantas com flor.

Tópico 8: **Processamento no herbário**. Este tópico é uma continuação do tópico 7 sobre espécimes recolhidos. As técnicas de montagem, a conservação física e as diretrizes para o manuseamento de espécimes são os principais pontos abordados neste tópico.

As bibliografias estão incluídas no final do livro. Os leitores são encorajados a consultar as fontes originais indicadas na bibliografia. Por último, aconselho sinceramente os leitores deste material a apresentarem comentários construtivos, questões e sugestões que possam contribuir para o melhorar ainda mais.

Zewdie Kassa, Ph.D., *Professor Assistente de Biologia Vegetal e Gestão da Biodiversidade, Estudos de Plantas Medicinais*

agosto de 2024, Adis Abeba, Etiópia

Departamento de Biologia da Universidade de Salale, Fiche, Etiópia

CAPÍTULO 1

1. INTRODUÇÃO ÀS PLANTAS COM SEMENTES

1.1. Antecedentes

As plantas são as principais companheiras do homem neste universo, sendo a fonte de alimento e energia, abrigo e vestuário, medicamentos e bebidas, oxigénio e ambiente estético, e como tal têm sido a componente dominante da sua atividade taxonómica ao longo dos tempos. Antes de tentar explorar a diversidade da vida vegetal, é essencial compreender qual é o nosso entendimento do termo **Planta**, e a posição das plantas na teia da vida. Tradicionalmente, as plantas são delimitadas como organismos que possuem parede celular, são capazes de realizar fotossíntese, produzem esporos e têm vida sedentária.

Muitas reflexões resultaram em várias interpretações diferentes do termo planta. O biólogo americano Robert H. Whittaker (1969) propôs a separação dos fungos num reino separado, estabelecendo assim o **sistema de cinco reinos** que reconhece **Monera**, **Protista**, **Fungi**, **Plantae** e **Animalia** como reinos distintos. Os fungos, tal como as plantas, têm uma parede celular distinta mas, tal como os animais, não têm um modo de nutrição autotrófico. No entanto, ao contrário dos animais, nutrem-se da decomposição de matéria orgânica, têm uma parede celular reforçada com quitina, membranas celulares que contêm ergosterol em vez de colesterol e têm uma via biossintética única para a lisina. Esta classificação foi amplamente seguida nos manuais escolares. Assim, é agora universalmente aceite que os membros do reino vegetal incluem, sem dúvida, as algas verdes, as hepáticas e os musgos, as pteridófitas, as gimnospérmicas e, finalmente, as angiospérmicas, o maior grupo de plantas. Todas estas plantas partilham um cloroplasto verde. Pertencem também a este reino as algas vermelhas, as algas castanhas e as glaucófitas, estas duas últimas conhecidas como estramenófilas. Todos estes grupos partilham a presença de um cloroplasto. Todas as plantas verdes partilham um cloroplasto verde com clorofila b, clorofila a, tilacóides e grana, e amido como alimento de armazenamento. A evolução da cutícula combinada com gametângios e embrião caracteriza as embriófitas, incluindo briófitas, pteridófitas e plantas com sementes. O desenvolvimento do tecido vascular do floema e do xilema e o esporófito independente caracterizam as traqueófitas, incluindo as pteridófitas e as plantas com sementes. O crescimento secundário que resulta na formação de madeira e hábito de semente diferencia as plantas com sementes. A evolução final de uma flor distinta, carpelos e estames, juntamente com vasos e tubos crivados, distinguem as angiospérmicas, o grupo de plantas mais evoluído (Figura 1).

Porquê estudar as plantas?

Nunca é demais sublinhar a enorme importância das plantas. Sem elas, nós e a maioria das outras espécies de animais (e dezenas de muitos outros grupos de organismos) não estaríamos aqui. A fotossíntese nas plantas e noutros organismos fotossintéticos mudou a Terra de duas formas principais. Em primeiro lugar, a fixação de dióxido de carbono e a libertação de oxigénio molecular na fotossíntese alteraram diretamente a atmosfera da Terra ao longo de milhares de milhões de anos. O que costumava ser uma atmosfera deficiente em oxigénio sofreu uma mudança gradual. À medida que uma massa crítica de oxigénio se acumulou na atmosfera, ocorreu a seleção para a respiração dependente do oxigénio (através da fosforilação oxidativa nas mitocôndrias), que pode ter sido um precursor necessário na evolução de muitos organismos multicelulares, incluindo todos os animais. Além disso, uma atmosfera rica em oxigénio permitiu a criação de uma camada de ozono na atmosfera superior, que protegeu a vida do excesso de radiação UV. Este facto permitiu que os organismos habitassem nichos mais expostos que anteriormente eram inacessíveis.

Em segundo lugar, os compostos que as espécies fotossintéticas produzem são utilizados, direta ou indiretamente, por organismos heterotróficos não fotossintéticos. Para praticamente todas as criaturas terrestres e também para muitas aquáticas, as plantas terrestres constituem os chamados produtores primários da cadeia alimentar, a fonte de compostos de elevada energia, como os hidratos de carbono, compostos estruturais, como certos aminoácidos, e outros compostos essenciais ao metabolismo de alguns heterótrofos. Assim, a maior parte das espécies terrestres actuais, incluindo milhões de espécies animais, são absolutamente dependentes das plantas para a sua sobrevivência. Como produtores primários, as plantas são os principais componentes de muitas comunidades e ecossistemas. A sobrevivência das plantas é essencial para a manutenção da saúde desses ecossistemas, cuja grave perturbação poderia provocar a extirpação ou extinção desenfreada de espécies e alterações desastrosas na erosão, no fluxo de água e, em última análise, irregularidades climáticas. Para os seres humanos, as plantas são também monumentalmente importantes em numerosos aspectos diretos. As plantas agrícolas, a maior parte das quais são plantas com flor, são a nossa principal fonte de alimentação. Além disso, várias partes de plantas de um grande número de espécies são utilizadas inteiras ou processadas como os chamados suplementos de ervas, que se tornaram tremendamente populares recentemente. As pessoas, os métodos e a lógica relacionados com as **ciências vegetais** (aqui definidas como o estudo das plantas terrestres) são tão diversos como as utilizações e a importância das plantas. Alguns dos domínios das ciências das plantas são muito orientados para a prática. A agricultura e a horticultura têm por objetivo melhorar o rendimento ou a resistência às doenças das culturas alimentares ou das plantas ornamentais cultivadas, por exemplo, através de estudos de melhoramento e da identificação de novas cultivares. A silvicultura ocupa-se do cultivo e da colheita de árvores utilizadas para a produção de madeira e pasta de papel. A farmacognosia ocupa-se dos medicamentos naturais em bruto, frequentemente de origem vegetal.

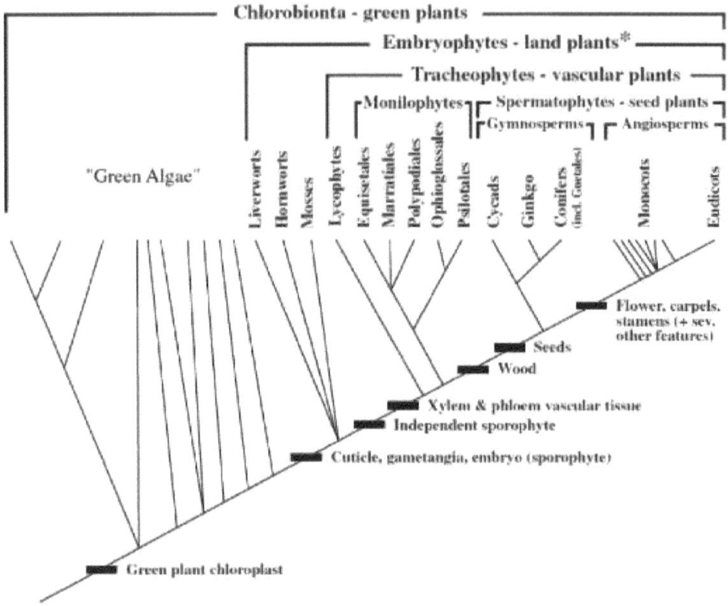

Figura 1. Cladograma simplificado/árvore evolutiva das plantas verdes ilustrando os principais grupos existentes e eventos evolutivos/apomorfias (Simpson, 2006)

Em contraste com estes domínios mais práticos das ciências vegetais, as ciências puras têm como objetivo o avanço do conhecimento científico (compreensão do funcionamento da natureza) através da investigação, independentemente das implicações práticas. No entanto, muitos aspectos das ciências puras têm também importantes aplicações práticas, quer diretamente, através de descobertas aplicáveis, quer indiretamente, fornecendo a base dos conhecimentos utilizados nas ciências mais práticas. Entre estas, contam-se a anatomia vegetal, que trata da estrutura e do desenvolvimento das células e dos tecidos; a química e a fisiologia vegetais, que tratam dos processos e produtos bioquímicos e biofísicos; a biologia molecular vegetal, que trata da estrutura e da função do material genético; a ecologia vegetal, que trata das interações das plantas com o seu ambiente; e, evidentemente, a sistemática vegetal, que trata da ciência da classificação das plantas. Note-se que deve ser feita uma distinção entre botânica e ciências vegetais. **Uma ciência vegetal é** o estudo das plantas, tratadas aqui como equivalentes às plantas terrestres. **A botânica** é o estudo da maioria dos organismos tradicionalmente tratados como plantas, incluindo virtualmente todos os organismos eucarióticos fotossintéticos (plantas terrestres e os vários grupos de algas) e outros organismos eucarióticos com paredes celulares e esporos (fungos verdadeiros e grupos que eram anteriormente tratados como fungos, como os Oomycota e os bolores viscosos). Assim, neste sentido, a botânica inclui mas é mais abrangente do que as ciências vegetais. O reconhecimento da botânica e das ciências vegetais como áreas de estudo pode ser útil, embora a forma como estas áreas são definidas possa variar e necessitar de clarificação. Este livro de texto trata exclusivamente de uma breve introdução às plantas com sementes, que é um dos principais ramos da ciência botânica.

1.2 Principais características das plantas de semente

As Lignófitas - Plantas lenhosas

As lenhófitas, ou plantas lenhosas (também chamadas Lignophyta), são uma linhagem monofilética das plantas vasculares que partilham as caraterísticas derivadas de um **câmbio vascular**, que dá origem à **madeira**, e de um **câmbio corticeiro,** que produz **a cortiça**. Estas caraterísticas também ocorreram em linhagens agora extintas dentro das licófitas (por exemplo, *Lepidodendron*) e equisetófitas (por exemplo, *Calamites*), mas pensa-se que tenham sido derivadas independentemente nestes taxa. Um câmbio vascular é uma bainha, ou cilindro oco, de células que se desenvolve dentro dos caules e raízes como uma camada contínua, entre o xilema e o floema em espermatófitas eustélicas existentes. As células do câmbio vascular dividem-se principalmente num plano tangencial, resultando inicialmente em duas camadas de células. Uma destas camadas permanece como o câmbio vascular e continua a dividir-se indefinidamente; a outra camada acaba por se diferenciar em **xilema secundário** = **madeira**, se produzida no interior do câmbio, ou em **floema secundário**, se produzida no exterior do câmbio. Geralmente, é produzido muito mais xilema secundário do que floema secundário. À medida que o tecido secundário é formado, o cilindro interno da madeira expande-se. Muitas plantas lenhosas têm períodos de crescimento regulares, por exemplo, formando anéis anuais de madeira. O câmbio da cortiça é semelhante ao câmbio vascular, mas diferencia-se perto da periferia do eixo do caule ou da raiz. O câmbio da cortiça e os seus derivados constituem a **periderme** (designada por casca exterior). A camada mais externa da periderme é a **cortiça**. As células da cortiça contêm um polímero ceroso chamado **suberina** (semelhante à cutina) que é bastante resistente à perda de água.

O câmbio vascular e o câmbio da cortiça foram uma novidade evolutiva importante. O xilema secundário, ou madeira, funciona como suporte estrutural, permitindo que a planta cresça em altura e adquira sistemas maciços de ramos laterais. Assim, o câmbio vascular foi um precursor da formação de arbustos ou árvores intrincadamente ramificados, com copas altas e altas, uma adaptação ecológica significativa. A cortiça produzida pelo câmbio da cortiça funciona como uma camada espessa de células que protege o delicado câmbio vascular e o floema secundário de danos mecânicos, predação e dessecação. O cladograma das plantas lenhosas e das plantas com sementes, onde as principais apomorfias são indicadas ao lado de uma marca de hash grossa, é apresentado abaixo (Figura 2). A anatomia da madeira pode ser bastante complexa. Os pormenores da estrutura celular são caracteres importantes utilizados na classificação e identificação de plantas lenhosas. As caraterísticas anatómicas da madeira podem também ser utilizadas para estudar o passado, uma especialidade conhecida como **dendrocronologia**.

Espermatófitas - Plantas com sementes

As espermatófitas, ou plantas com sementes (também chamadas Spermatophyta), são uma linhagem monofilética dentro das lignófitas. A principal novidade evolutiva que une este grupo é a **semente**. Uma semente é definida como um **embrião**, que é um esporófito diploide imaturo que se desenvolve a partir do zigoto, rodeado por **tecido nutritivo** e envolvido por um **revestimento de semente**. O embrião é geralmente constituído por uma raiz imatura denominada **radícula**, um meristema apical de rebento denominado **epicótilo** e uma ou mais folhas jovens de semente, os **cotilédones**; a região de transição entre a raiz e o caule é denominada **hipocótilo**. Uma semente imatura, antes da fertilização, é conhecida como **óvulo**.

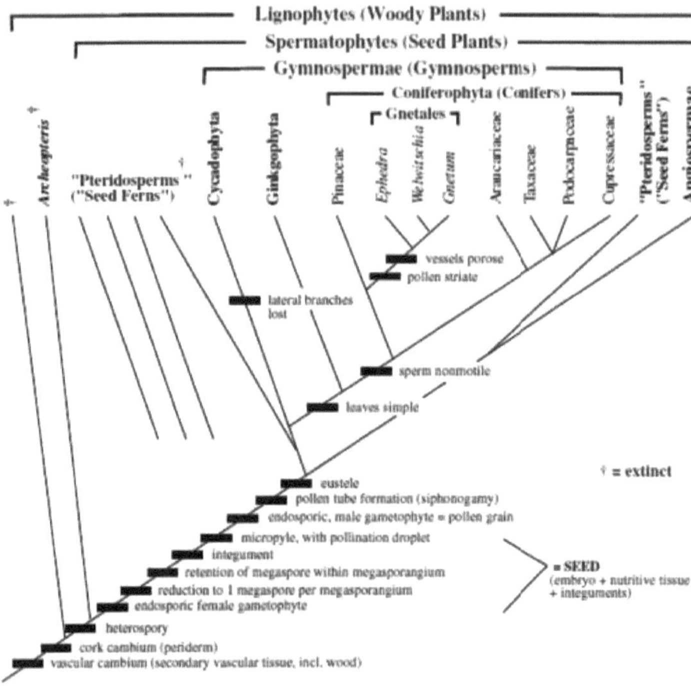

Figura 2. Cladograma das plantas lenhosas e das plantas com sementes.

Evolução das sementes

A evolução da semente envolveu várias etapas. A sequência exacta destas não é certa, e duas ou mais etapas da evolução da semente podem ter ocorrido concomitantemente. As plantas com sementes são chamadas **espermatófitas**. A evolução das sementes nas plantas vasculares foi muito importante. De facto, foi indiscutivelmente tão importante como a evolução dos tecidos vasculares. As sementes resolveram o problema da libertação da descendência num mundo seco. Uma vez que as sementes evoluíram, as plantas vasculares com sementes e os seus descendentes diversificaram-se para preencher nichos terrestres em todo o lado. Atualmente, as plantas com sementes vasculares dominam a Terra.

Partes de uma semente

Como mostra a **figura** abaixo (Figura 3), uma semente é constituída por, pelo menos, três partes básicas: o embrião, o revestimento da semente e o alimento armazenado.

- O **embrião** desenvolve-se a partir de um óvulo fertilizado. Ainda dentro da semente, o embrião forma a sua primeira folha (cotilédone) e começa a desenvolver um caule (hipocótilo) e uma raiz (radícula).
- **O revestimento** duro **da semente** protege o embrião e impede-o de secar até que as condições sejam favoráveis à germinação.
- O alimento armazenado numa semente é chamado **endosperma**. Este nutre o embrião até que este possa começar a produzir alimentos por si próprio.

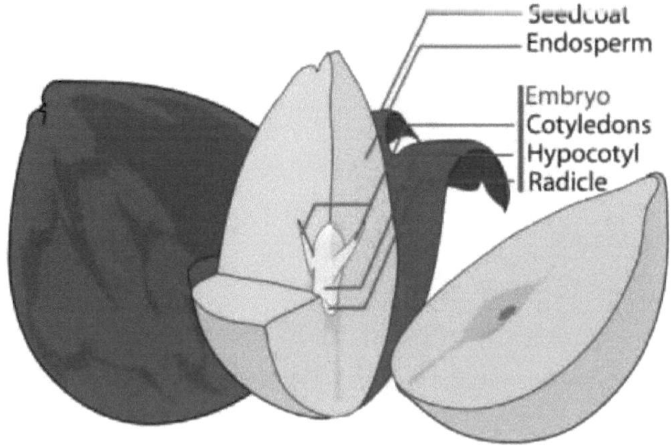

Figura 3. Partes da semente

Uma semente de planta típica, como esta semente de abacate, contém um embrião, um revestimento de semente e um endosperma. Como é que cada parte contribui para o desenvolvimento bem sucedido da nova planta?

Muitas sementes têm estruturas adicionais que as ajudam a dispersar-se. As estruturas podem ajudá-las a deslocar-se com o vento ou a aderir aos animais. A dispersão das sementes para longe das plantas-mãe ajuda a reduzir a competição com as plantas-mãe e aumenta as hipóteses de sobrevivência da descendência.

Sementes de dente-de-leão Sementes de ácer Sementes de bardana

Figura 4. Estrutura das sementes que ajudam na dispersão

As sementes de dente-de-leão têm pequenos "para-quedas". As sementes de ácer têm "asas" que funcionam como pequenos planadores. As sementes de bardana estão cobertas de pequenos ganchos que se agarram ao pelo dos animais.

1.3. Origem e diversificação das plantas com sementes

As primeiras plantas com sementes evoluíram provavelmente há cerca de 300 milhões de anos. Eram semelhantes às ginkgoes modernas e reproduziam-se com pólen e sementes em cones. As primeiras plantas com sementes passaram rapidamente a dominar as florestas durante a Era Mesozóica, ou Era dos Dinossauros, há cerca de 250 a 65 milhões de anos.

Figura 5. Fotografia composta de *Sequoiadendron giganteum*

À medida que as plantas com sementes continuaram a evoluir, o clima geral da Terra tornou-se mais seco, pelo que as primeiras plantas com sementes desenvolveram adaptações para as ajudar a viver com baixos níveis de água. Algumas também desenvolveram adaptações ao frio. Tinham troncos lenhosos e folhas sempre verdes, semelhantes a agulhas, cobertas por uma espessa camada de cutícula cerosa para reduzir a perda de água. Algumas das árvores eram enormes, como a atual sequoia gigante, uma conífera moderna (Figura 5).

A pessoa que está ao pé desta sequoia gigante mostra o quão enorme é a árvore. Algumas das primeiras plantas com sementes também cresceram muito. Eventualmente, algumas gimnospérmicas começaram a desenvolver caraterísticas semelhantes às das angiospérmicas. Por exemplo, os antepassados das cicadáceas foram as primeiras plantas a usar insectos como polinizadores. Também utilizavam aves e macacos para dispersar as suas sementes de cores vivas. Das gimnospérmicas modernas, as Gnetae partilham provavelmente o antepassado comum mais recente com as angiospérmicas. Entre outras semelhanças, as Gnetae produzem **néctar**, um líquido doce e açucarado que atrai insectos polinizadores. A maioria das plantas com flores modernas também produz néctar.

Os passos prováveis na evolução das sementes são os seguintes:

1. **Heterosporia:** A heterosporia é a formação de *dois* tipos de esporos haplóides dentro de *dois* tipos de esporângios: **megásporos** grandes e menos numerosos, que se desenvolvem por meiose no **megasporângio**, e **micrósporos** pequenos e mais numerosos, produtos da meiose no **microsporângio**. A condição ancestral, na qual um único tipo de esporo se forma, é chamada de homosporia. Cada megásporo desenvolve-se num **gametófito feminino** que contém apenas arquegónios; um micrósporo desenvolve-se num **gametófito masculino** que contém apenas anterídios. Embora a heterosporia tenha sido um pré-requisito para a evolução das sementes, existem plantas fósseis que eram heterosporosas mas não tinham desenvolvido sementes, entre elas espécies de *Archeopteris* (ver discussão posterior). Note-se que a heterosporia evoluiu *independentemente* noutras plantas sem sementes, por exemplo, nas licófitas *Selaginella* e

Isoetes e nos fetos aquáticos.

2. **Endosporia:** Endosporia é o desenvolvimento completo, neste caso, do gametófito feminino *dentro da parede original do esporo*. A condição ancestral, na qual o esporo germina e cresce como um gametófito externo, é chamada de **exosporia**.

3. **Redução do número de megásporos para um:** A redução do número de megásporos ocorreu de duas maneiras. Primeiro, houve uma redução no número de células dentro do megasporângio que sofrem meiose (cada uma denominada **megasporócito** ou **célula-mãe do megásporo**) foi reduzida a um. Após a meiose, o único megasporócito diploide dá origem a quatro megásporos haplóides. Em segundo lugar, dos quatro megásporos haplóides produzidos pela meiose, *três abortam consistentemente*, deixando apenas um megásporo funcional. Este único megásporo também sofre um grande aumento de tamanho, correlacionado com o aumento da disponibilidade de espaço e recursos no megasporângio.

4. **Retenção do megásporo:** Em vez de o megásporo ser libertado do esporângio (a condição ancestral, como ocorre em todas as plantas homospóricas sem sementes), nas plantas com sementes é retido no megasporângio. Isto foi acompanhado por uma redução na espessura da parede do megásporo.

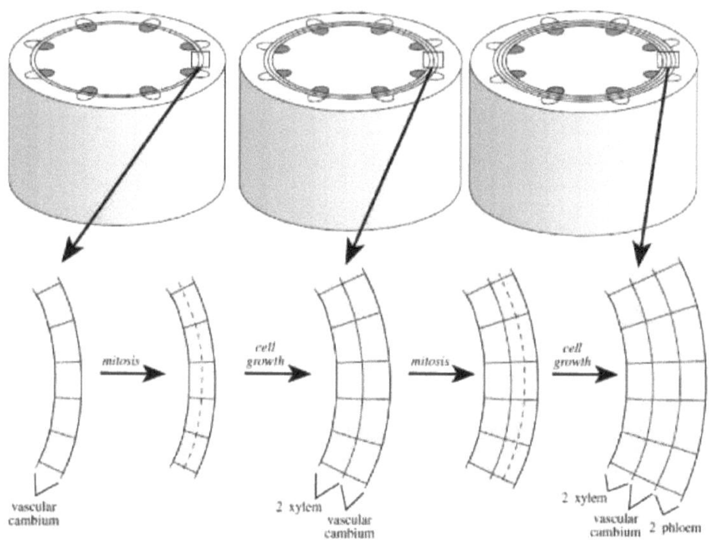

Figura 6. Desenvolvimento do câmbio vascular

5. **Evolução do tegumento:** Muito provavelmente, o evento final na evolução da semente foi o envolvimento do megasporângio por um tecido, chamado de **tegumento**. O tegumento cresce a partir da base do **megasporângio** (que é frequentemente chamado de **nucelo** quando cercado por um tegumento) e o envolve, exceto na extremidade distal. Evidências fósseis sugerem que os tegumentos podem ter evoluído primeiro como lóbulos separados. Em todas as plantas com sementes existentes, no entanto, o tegumento se desenvolve como uma bainha contínua e envolve completamente o nucelo, exceto por um pequeno poro na extremidade distal chamado **micrópila**. A micrópila funciona como o

local de entrada dos grãos de pólen (ou, nas angiospérmicas, dos tubos polínicos), que efectuam a fertilização do óvulo. A micrópila também atua na mecânica de formação e reabsorção das gotículas de polinização. Observe que um único tegumento representa a condição ancestral das espermatófitas; nas angiospermas, uma segunda camada de tegumento evoluiu.

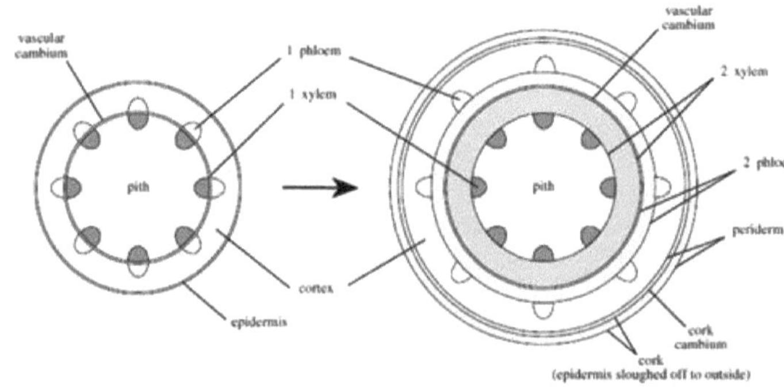

Figura 7. Desenvolvimento de tecido vascular secundário no caule, ilustrado para um caule eustélico

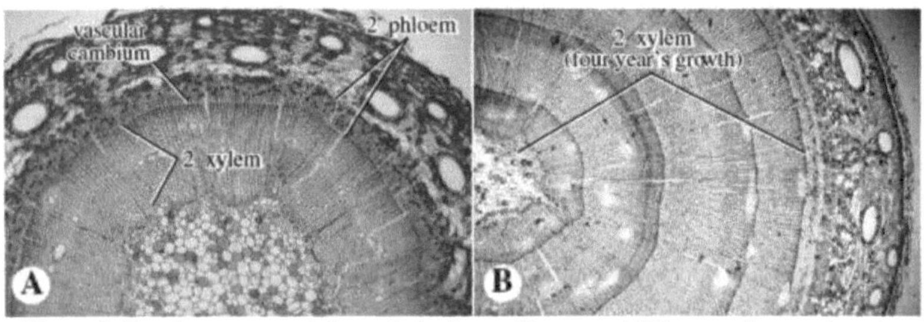

Figura 8. Secção transversal do caule lenhoso, *Pinus sp.* A/ Um ano de crescimento, B/Quatro anos de crescimento

Grãos de pólen: Concomitante com a evolução da semente foi a evolução dos **grãos de pólen**. Um grão de pólen é, tecnicamente, um gametófito masculino imaturo e endospórico. **A endosporia** na evolução do grão de pólen foi semelhante ao mesmo processo na evolução da semente, envolvendo o desenvolvimento do gametófito masculino dentro da parede original do esporo. Os grãos de pólen das plantas com sementes são gametófitos masculinos extremamente reduzidos, constituídos por apenas algumas células.

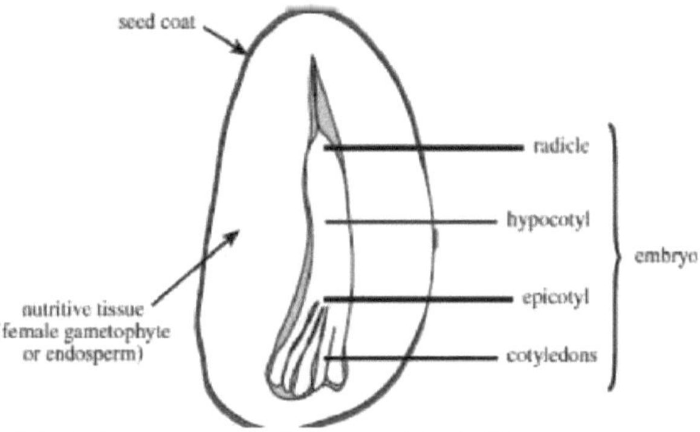

Figura 9. Morfologia de uma semente de uma *espécie de Pinus*

São designados gametófitos masculinos imaturos porque, no momento da sua libertação, ainda não estão completamente diferenciados. Depois de ser libertado do microsporângio, o pólen deve ser transportado para a micrópila do óvulo (ou, nas angiospérmicas, para o tecido estigmático do carpelo), a fim de finalmente efetuar a fertilização. A dispersão pelo vento, em combinação com uma gota de polinização do óvulo (ver subsecção posterior), foi provavelmente o meio ancestral de transporte do pólen. Depois de ser transportado para o óvulo (ou tecido estigmático), o gametófito masculino completa o seu desenvolvimento sofrendo divisões mitóticas adicionais e diferenciação. O gametófito masculino desenvolve um **tubo** polínico exospórico, que funciona como um órgão haustorial, obtendo nutrição por absorção do tecido esporofítico circundante.

Tubo polínico: Os gametófitos masculinos de todas as plantas com sementes existentes formam um tubo polínico logo após os grãos de pólen entrarem em contacto com o tecido megasporangial (nucelar) do óvulo. A formação dos tubos polínicos é designada **por sifonogamia** (*siphono*, tubo + *gamos*, casamento). Os tubos polínicos, que podem tornar-se ramificados em alguns taxa, funcionam como um órgão haustorial, crescendo e alimentando-se do tecido megasporangial (nucelar). Os tubos polínicos também funcionam para levar os espermatozóides, direta ou indiretamente, ao óvulo.

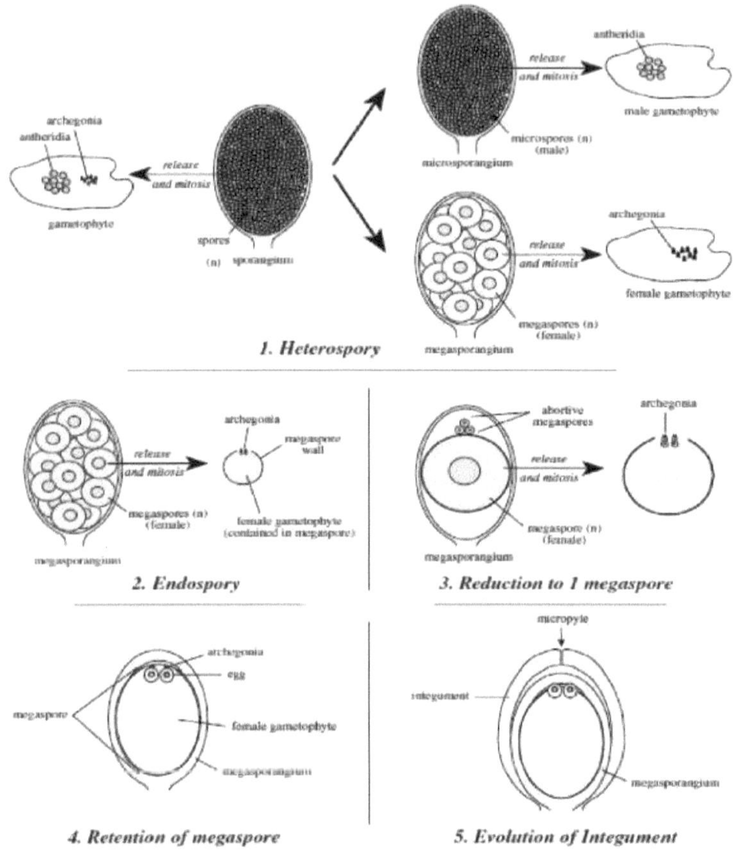

Figura 10. Evolução do óvulo e da semente nas espermatófitas (hipotético)

Gota de polinização: Uma possível novidade evolutiva associada à evolução das sementes é a **gota de polinização**. Trata-se de uma gota de líquido que é secretada pelo óvulo jovem através da micrópila por reabsorção da gota, que puxa os grãos de pólen que contactaram com a gota para a câmara de polinização.

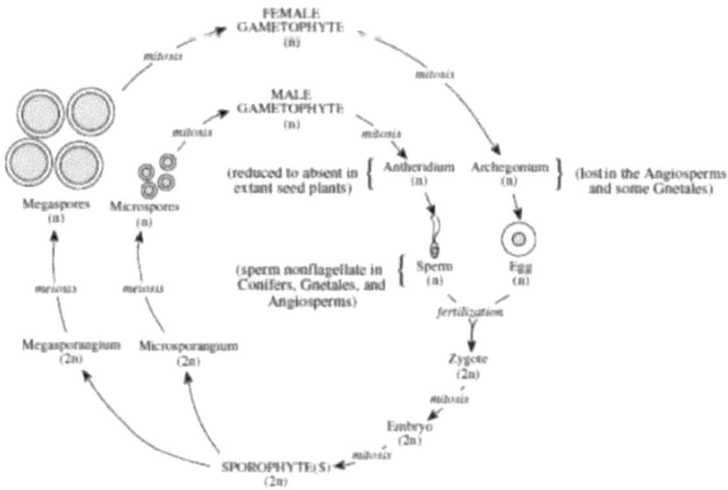

Figura 11. Ciclo de vida das plantas heterosporadas

Não se sabe se a gota de polinização estava presente nas primeiras plantas com sementes. No entanto, a presença de uma gota de polinização em muitas plantas com sementes que não florescem sugere que a sua ocorrência pode ser ancestral para, pelo menos, as linhagens de plantas com sementes existentes. Note-se que os óvulos das angiospérmicas não possuem gotículas de polinização ou câmaras de polinização, uma vez que as plantas com flor desenvolveram um mecanismo diferente de transferência do grão de pólen.

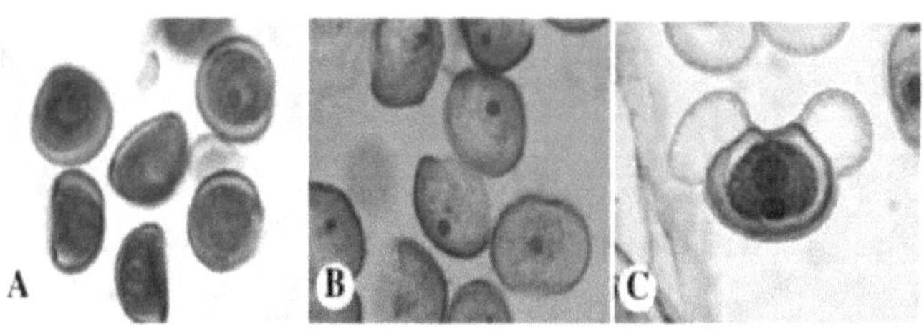

Figura 12. Grãos de pólen. A. *Zamia sp.*, uma cicadácea. B. *Ginkgo biloba*. C. *Pinus sp.*, uma conífera

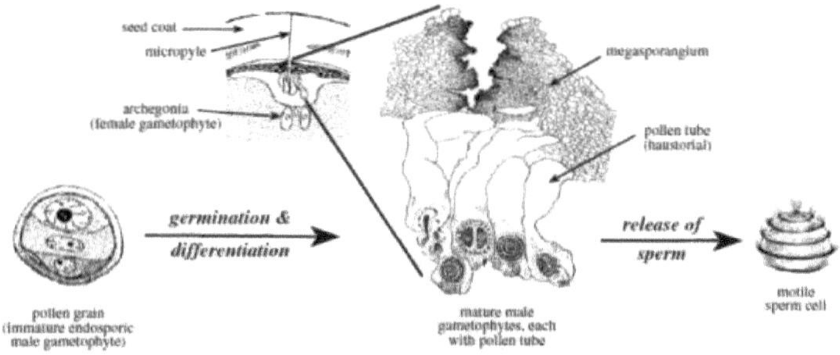

Figura 13. Morfologia e desenvolvimento do gametófito masculino nos espermatófitos não floridos

Desenvolvimento do óvulo e da semente

Após a polinização, o **megasporócito** desenvolve-se no megasporângio do óvulo. O megasporócito é uma célula única que sofre meiose, produzindo uma tétrade de quatro megásporos haplóides, que na maioria das plantas com sementes existentes estão dispostos em linha reta, ou linearmente. Os três megásporos distais (longe da base do óvulo) abortam; apenas o megásporo proximal (perto da base do óvulo) continua a desenvolver-se. Na câmara de polinização, os grãos de pólen reabsorvidos desenvolvem-se em gametófitos masculinos maduros e formam tubos polínicos, que crescem no tecido do megasporângio.

Nas gimnospérmicas, estes gametófitos masculinos podem viver no tecido megasporangial durante algum tempo, geralmente vários meses a um ano. O megásporo funcional expande-se grandemente, acompanhado por numerosas divisões mitóticas, para formar o gametófito feminino endospórico. Nas sementes de gimnospermas, os arquegónios diferenciam-se no ápice do gametófito feminino. Como nas plantas terrestres sem sementes, cada arquegónio tem um óvulo grande e uma linha curta de células do colo (mais tipicamente uma célula do canal ventral ou núcleo).

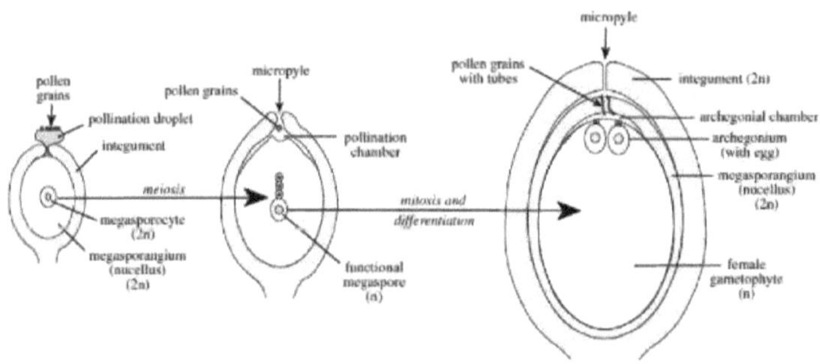

Figura 14. Desenvolvimento do óvulo nas espermatófitas não floríferas

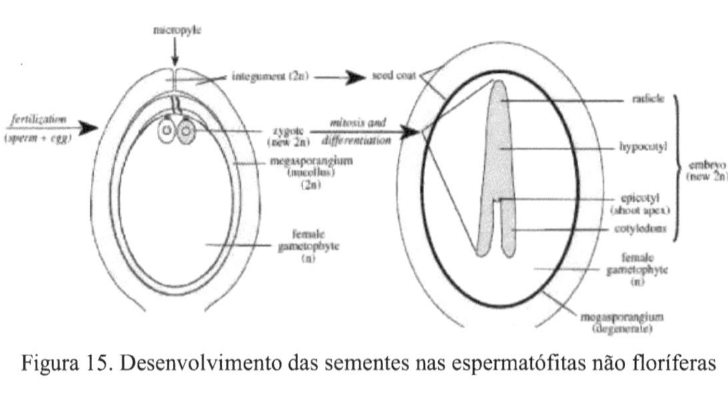

Figura 15. Desenvolvimento das sementes nas espermatófitas não floríferas

Eventualmente, os gametófitos masculinos libertam ou transportam espermatozóides (móveis ou não móveis) para uma cavidade entre o megasporângio e o gametófito feminino conhecida como **câmara arquegonial**. (Note-se que os óvulos das angiospermas não possuem arquegónios e câmara arquegonial).

Aqui, os espermatozóides ou nadam até (nas cicadáceas e *Ginkgo*) ou são libertados na proximidade de (nas coníferas e Gnetales) um arquegónio do gametófito feminino. Uma célula espermática que entra no arquegónio fertiliza então o óvulo. Pode decorrer muito tempo (talvez um ano ou mais) entre a polinização, que é a entrega dos grãos de pólen ao óvulo, e a fertilização, a união efectiva do espermatozoide e do óvulo. **Nota:** Isto não é verdade para as plantas com flores, nas quais a fertilização ocorre muito pouco tempo depois da polinização.

O zigoto diploide resultante, uma vez formado, sofre divisões mitóticas consideráveis e diferenciação, eventualmente amadurecendo no **embrião**, o esporófito imaturo. O tecido do gametófito feminino continua a rodear o embrião e serve de tecido nutritivo para o embrião aquando da germinação da semente (exceto nas plantas com flor). O megasporângio (nucelo) acaba por degenerar. O tegumento amadurece num **revestimento** periférico **da semente**, que pode diferenciar-se em várias camadas duras e/ou carnudas.

Adaptações das sementes

A importância adaptativa da semente é inquestionável. Em primeiro lugar, as sementes fornecem *proteção*, principalmente através do seu revestimento, contra danos mecânicos, dessecação e, frequentemente, predação. Em segundo lugar, as sementes funcionam como a *unidade de dispersão* da reprodução sexual. Em muitas plantas, a semente foi especialmente modificada para a dispersão. Por exemplo, uma camada externa e carnuda do revestimento da semente pode ajudar na dispersão por animais. De facto, nalgumas plantas as sementes são comidas pelos animais, a camada exterior carnuda é digerida e o resto da semente (incluindo o embrião protegido por uma camada interna e dura do revestimento da semente) passa inofensivamente através do intestino do animal, pronto a germinar com um fornecimento incorporado de fertilizante. Noutras plantas, a diferenciação do invólucro da semente em uma ou mais asas funciona na dispersão da semente pelo vento. Em terceiro lugar, o revestimento da semente pode ter *mecanismos de dormência* que asseguram a germinação da semente apenas em condições ideais de temperatura, luz solar ou humidade. Em quarto lugar, após a germinação, o *tecido nutritivo* que envolve o embrião fornece *energia* à jovem plântula, ajudando-a a estabelecer-se com sucesso. É interessante notar que, nas plantas com sementes, o gametófito feminino (que se desenvolve dentro do megásporo) permanece ligado ao esporófito e depende dele do ponto de vista nutricional. Esta é exatamente a condição inversa da encontrada nas hepáticas, hornworts e musgos.

Eustele: Além da semente, uma apomorfia para a *maioria das* espermatófitas, incluindo todas as espermatófitas *existentes*, é o **eustele**. Um eustele é uma vasculatura primária do caule (primária significa antes de qualquer crescimento secundário) que consiste num único anel de feixes vasculares discretos. Cada feixe vascular contém um filamento interno de xilema e um filamento externo de floema que estão orientados radialmente, ou seja, posicionados ao longo de um raio. O protoxilema dos feixes vasculares de um eustele é endarca em posição, ou seja, em direção ao centro do caule. Isto é diferente do protoxilema exarca das licófitas e do protoxilema mesarca das monilófitas.

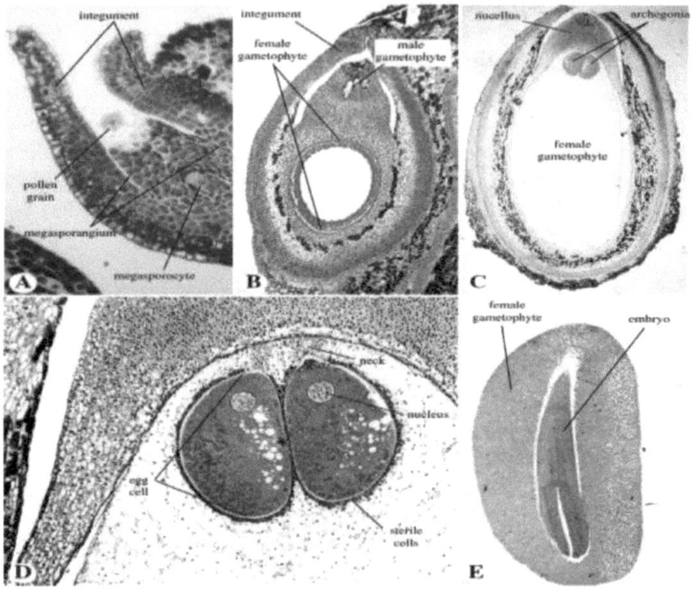

Figura 16. Desenvolvimento do óvulo e da semente, ilustrado por *Pinus sp.*

Descrição da figura acima: A/ um óvulo jovem, secção longitudinal no momento da polinização. Os grãos de pólen são puxados para a micrópila pela reabsorção da gota de polinização. A meiose do megasporócito ainda não ocorreu. B/ Pós-polinização mostrando o desenvolvimento do gametófito feminino e o crescimento do tubo polínico haustorial dos gametófitos masculinos dentro do tecido do megaesporângio (nucelo); C/ Óvulo maduro, mostrando dois arquegónios funcionais dentro do gametófito feminino; D/ Grande plano dos arquegónios, cada um contendo um óvulo grande com uma camada circundante de células estéreis e um colo apical; E/ Secção longitudinal da semente, com o revestimento da semente removido, mostrando o embrião e a camada nutritiva circundante do tecido do gametófito feminino.

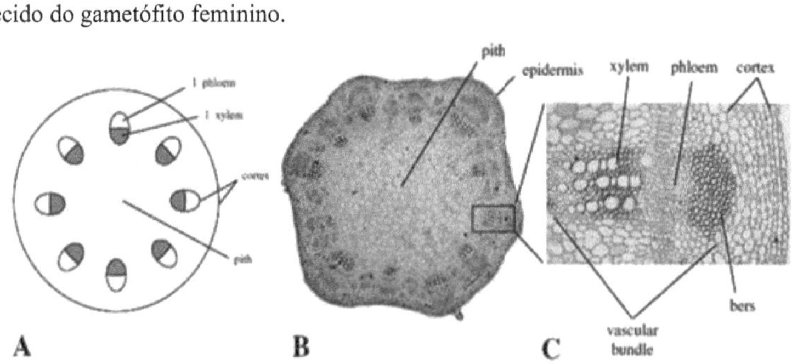

Figura 17. Eustele. A/ Diagrama do eustele

Descrição da figura 17: Note-se um único anel de feixes vasculares, com o xilema no interior e o floema no exterior: B/ Secção transversal do caule de Helianthus, um exemplo de um eustele C/ Grande plano do feixe vascular, mostrando o xilema, o floema e as fibras associadas.

Diversidade de plantas lenhosas e de sementes Archeopteris

Uma lignófita bem conhecida que não tinha sementes era a planta fóssil ***Archeopteris*** (não confundir com o famoso fóssil da ave réptil *Archeopteryx*). *Archeopteris* era uma árvore grande, com madeira como uma conífera mas folhas como um feto. Os esporângios, que produziam esporos, nasciam em sistemas de ramos férteis. Algumas espécies de *Archeopteris* eram heterosporosas.

"Pteridospermas" - "fetos com sementes": As pteridospérmicas, ou fetos-semente, são quase certamente um grupo não natural e parafilético de plantas fósseis que tinham folhagem semelhante à dos fetos, mas que tinham sementes. ***A Medullosa*** é um exemplo bem conhecido de um feto com sementes. Como em muitas plantas fósseis, diferentes órgãos de *Medullosa* são colocados em géneros separados. Por exemplo, as folhas semelhantes a fetos da *Medullosa* estão nos géneros de forma *Alethopteris* e *Neuropteris*. *Dolerotheca*, que tinha enormes grãos de pólen, refere-se aos órgãos portadores de pólen de *Medullosa*, e as sementes de *Medullosa* são colocadas no género *Pachytesta*. As relações de várias pteridospérmicas com as plantas com sementes existentes não são claras. Algumas são basais às plantas com sementes existentes; outras podem estar mais estreitamente relacionadas com as gimnospérmicas e outras com as angiospérmicas.

1.4. Classificação das plantas com sementes

No reino vegetal, a divisão *Spermatophyta* divide-se em gimnospérmicas e angiospérmicas. O grupo de plantas mais diversificado e dominante entre os dois é o das angiospérmicas, também designado por magnoliophyta. Em termos comuns, as angiospérmicas são todas as plantas com flor. Distinguem-se das gimnospérmicas pela sua capacidade de florescer e produzir sementes encerradas em frutos. Assim, os dois principais tipos de plantas com sementes são as **gimnospérmicas** (sementes em cones) e **as angiospérmicas** (sementes nos ovários das flores). **A figura** abaixo mostra as diferenças entre as sementes das gimnospérmicas e das angiospérmicas. Vês a principal diferença entre as duas sementes? A semente das angiospermas é rodeada por um **ovário**.

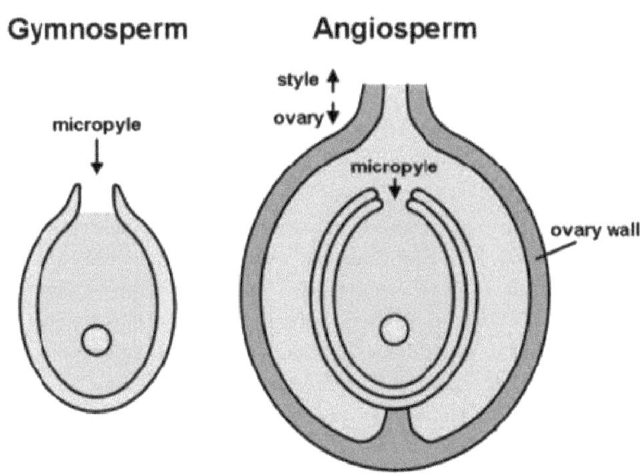

Figura 18. Comparação de sementes de Gimnospermas e Angiospermas

Nas gimnospérmicas, a semente desenvolve-se na escala de um cone. Apenas uma semente de angiosperma se desenvolve dentro de um ovário. Existem apenas cerca de 1.000 espécies vivas de gimnospermas, enquanto existem centenas de milhares de espécies vivas de angiospermas. As gimnospérmicas vivas são tipicamente classificadas nas divisões descritas na Tabela abaixo (Tabela 1). A maioria das gimnospérmicas modernas são árvores com troncos lenhosos. A maioria são coníferas, como os pinheiros.

Tabela 1. Classificação das Gimnospérmicas

Gimnospérmicas	**Divisão**	**Descrição com base nas suas caraterísticas salientes e distribuição**
	Ginkgoes	Existe apenas uma espécie viva (Ginkgo biloba); algumas árvores vivas têm mais de 2000 anos; são originárias da Ásia, mas atualmente são cultivadas em todo o mundo; são utilizadas como medicamentos há milhares de anos.
	Coníferas	Existem mais de 700 espécies vivas; a maioria são árvores, como os pinheiros, com folhas em forma de agulha; são frequentemente as plantas dominantes nos seus habitats; são valiosas para os seres humanos pelo papel e pela madeira.
	Cicas	Existem cerca de 300 espécies vivas; são tipicamente árvores com troncos robustos e folhas semelhantes a fetos; vivem apenas em climas tropicais e subtropicais; têm cones de sementes grandes e de cores vivas para atrair polinizadores animais.
	Gnetae	Existem menos de 100 espécies vivas; a maioria são trepadeiras lenhosas com folhas sempre verdes; vivem principalmente em climas tropicais; são as gimnospérmicas menos conhecidas mas as mais semelhantes às angiospérmicas.

1.5. Critérios de classificação

As primeiras plantas a colonizar a terra estavam muito provavelmente relacionadas com os musgos actuais (briófitas) e pensa-se que surgiram há cerca de 500 milhões de anos. Seguiram-se-lhes as hepáticas (também briófitas) e as plantas vasculares primitivas, as pteróftas, das quais derivam os fetos modernos. O ciclo de vida das briófitas e das pterófitas é caracterizado pela alternância de gerações. A conclusão do ciclo de vida requer água, uma vez que os gâmetas masculinos têm de nadar até aos gâmetas femininos. O gametófito masculino liberta espermatozóides, que devem nadar - impulsionados pelos seus flagelos - para alcançar e fertilizar o gameta feminino ou óvulo. Após a fertilização, o zigoto amadurece e cresce em um esporófito, que por sua vez formará esporângios, ou "vasos de esporos", nos quais as células-mãe sofrem meiose e produzem esporos haplóides. A libertação dos esporos num ambiente adequado conduzirá à germinação e a uma nova geração de gametófitos.

A evolução das plantas com sementes

Nas plantas com sementes, a tendência evolutiva conduziu a uma geração dominante de esporófitos, em que a geração maior e ecologicamente mais significativa para uma espécie é a planta diploide. Ao mesmo tempo, a tendência levou a uma redução do tamanho do gametófito, que passou de uma estrutura conspícua a um aglomerado microscópico de células encerradas nos tecidos do esporófito. As plantas vasculares inferiores, como os musgos e os fetos, são maioritariamente homospóricas (produzem apenas um tipo de esporo). Em contrapartida, todas as plantas com sementes, ou espermatófitas, são heterosporosas, formando dois tipos de esporos: megásporos (femininos) e micrósporos (masculinos). Os megásporos desenvolvem-se em gametófitos femininos que produzem óvulos, e os micrósporos amadurecem em gametófitos masculinos que geram espermatozóides. Como os gametófitos amadurecem dentro dos esporos, eles não são de vida livre, como são os gametófitos de outras plantas vasculares sem sementes. As plantas heterosporadas sem sementes são vistas como os precursores evolutivos das plantas com sementes.

As sementes e o pólen - duas adaptações à seca - distinguem as plantas com sementes das outras plantas vasculares (sem sementes). Ambas as adaptações foram fundamentais para a colonização da terra. Os fósseis situam as primeiras plantas com sementes distintas há cerca de 350 milhões de anos. O registo fiável mais antigo de gimnospérmicas data o seu aparecimento no período Carbonífero (359-299 milhões de anos atrás). As gimnospermas foram precedidas pelas progimnospermas ("primeiras plantas com sementes nuas"). Trata-se de um grupo transitório de plantas que se assemelhavam superficialmente às coníferas ("portadoras de cones"), pois produziam madeira a partir do crescimento secundário dos tecidos vasculares; no entanto, reproduziam-se como os fetos, libertando esporos para o ambiente. Na era Mesozóica (251-65,5 milhões de anos atrás), as gimnospermas dominavam a paisagem. As angiospérmicas assumiram o controlo em meados do período Cretáceo (145,5-65,5 milhões de anos atrás), no final da era Mesozóica, e desde então tornaram-se o grupo de plantas mais abundante na maioria dos biomas terrestres.

As duas estruturas inovadoras do pólen e da semente permitiram às plantas com semente quebrar a sua dependência da água para a reprodução e o desenvolvimento do embrião e conquistar a terra seca. O pólen

Os grãos transportam os gâmetas masculinos da planta. As pequenas células haplóides (*1n*) estão envolvidas numa camada protetora que evita a dessecação (secagem) e os danos mecânicos. O pólen pode deslocar-se para longe do esporófito que o gerou, difundindo os genes da planta e evitando a concorrência com outras plantas. A semente oferece ao embrião proteção, nutrição e um mecanismo para manter a dormência durante dezenas ou mesmo milhares de anos, permitindo-lhe sobreviver num ambiente hostil e assegurando a germinação quando as condições de crescimento são óptimas. As sementes permitem às plantas dispersar a geração seguinte no espaço e no tempo. Com estas vantagens evolutivas, as plantas com sementes tornaram-se o grupo de plantas mais bem sucedido e familiar.

CONCEITOS-CHAVE

Gimnospérmicas

1. A evolução das sementes, do pólen e da madeira libertou as plantas da necessidade de água durante a reprodução, permitiu uma dispersão mais eficaz dos espermatozóides, aumentou o investimento parental na geração seguinte e permitiu um maior tamanho e

força.

2. As plantas com sementes tiveram origem no período Devoniano a partir de um grupo chamado progimnospérmicas, que possuíam madeira e heterosporia, mas se reproduziam libertando esporos. Atualmente, sobrevivem cinco linhagens de plantas com sementes - as plantas com flores e quatro grupos de gimnospérmicas: cicadáceas, Ginkgo, coníferas e gnetófitas. As coníferas são o grupo mais conhecido e mais importante do ponto de vista económico, incluindo pinheiros, abetos, abetos vermelhos, abetos vermelhos, cedros, ciprestes, teixos e vários géneros do Hemisfério Sul.

3. O ciclo de vida do pinheiro é heterosporoso. Os estróbilos polínicos são pequenos e sazonais. Cada esporófilo tem dois microsporângios, nos quais se formam os micrósporos, que se dividem em gametófitos masculinos imaturos, ainda retidos nos microsporângios. Os gametófitos são libertados ao vento sob a forma de grãos de pólen. Os cones ovulados são grandes e necessitam de 2 anos para amadurecer. Cada escama do cone tem dois magasporângios, nos quais se formam os megásporos. Os megasporos dividem-se em gametófitos femininos maduros enquanto ainda estão retidos na megasporatgia.

4. Os grãos de pólen descem até aos cones ovulados e germinam, produzindo um tubo polínico, que cresce através do megasporângio em direção a um megagametófito. Tanto o gametófito masculino como o feminino são estruturas pequenas e simples e dependem do esporófito para a sua nutrição.

5. A fertilização de um óvulo é suficiente para desencadear o desenvolvimento de uma semente. As sementes de pinheiro contêm um esporófito embrionário, alimento armazenado (sob a forma de tecido megagametófito) e um revestimento de sementes.

A função da semente é proteger e dispersar a geração seguinte para longe da planta-mãe, tanto no espaço como no tempo.

Angiospérmicas

1. As angiospérmicas, ou plantas com flor, são únicas pelo facto de terem óvulos no interior dos carpelos, em vez de os terem em escamas ou folhas nuas, como nas gimnospérmicas. O óvulo é fertilizado por um grão de pólen que é transferido de um estame para um carpelo pelo vento, água ou animais e depois germina num tubo que cresce através do tecido do ovário, atingindo finalmente o óvulo e o seu ovócito haploide. O tubo rebenta, libertando dois núcleos de esperma. Depois que um núcleo fertiliza o óvulo, o óvulo se torna um embrião, o óvulo se torna uma semente e o ovário se torna um fruto. As novas caraterísticas - ovário e fruto - aumentam a proteção da geração do gametófito e do embrião; também alargam a dispersão da semente no tempo e no espaço.

2. Os ovários fazem parte de uma nova estrutura denominada carpelo. Os carpelos que contêm óvulos, os estames que contêm pólen e as pétalas e sépalas de cores e formas variadas constituem coletivamente uma nova estrutura chamada flor

3. A dupla fertilização é uma inovação do ciclo de vida das angiospermas. Quando um grão de pólen se torna um microgametófito maduro, produz um longo tubo polínico que contém dois núcleos espermáticos. Um núcleo se une a um óvulo para produzir um zigoto, enquanto o outro se une a dois outros núcleos no gametófito (os núcleos polares) para produzir um núcleo de endosperma. À medida que o embrião se desenvolve a partir do zigoto, o núcleo do endosperma divide-se repetidamente e envolve o embrião com o alimento armazenado. A dupla fertilização conserva energia, porque o alimento para o embrião não se acumula até depois da fertilização.

4. Os primeiros fósseis de angiospérmicas datam de há cerca de 135 milhões de anos.

No entanto, a separação inicial da linhagem que deu origem às angiospérmicas de outras plantas com sementes pode ter ocorrido durante o tempo das primeiras plantas com sementes, há mais de 250 milhões de anos. Atualmente, não é possível dizer quais as plantas com sementes que são os parentes mais próximos, e é possível que nenhum grupo vivo de plantas com sementes esteja intimamente relacionado com as angiospérmicas. Durante o período Cretáceo, as angiospérmicas especularam-se rapidamente e, no início da era Cenozóica, tornaram-se os grupos de plantas terrestres dominantes.

5. As angiospérmicas formam um grupo monofilético. Um grupo basal de linhagens inclui a Amborella, os nenúfares, o anis estrelado e os seus parentes. Os restantes taxa - isto é, as angiospérmicas centrais - compreendem três clados principais: magnoliídeos, monocotiledóneas e eudicotiledóneas. No total, as angiospérmicas têm 257.000 espécies em 14.000 géneros.

6. As magnoliídeas variam de lenhosas a herbáceas. As flores das magnoliídeas variam de grandes e vistosas, com numerosas partes dispostas em espiral, a pequenas e discretas, com partes em três. Muitos alimentos importantes, madeiras, especiarias e plantas medicinais e ornamentais, como a canela, a cânfora, o abacate, o louro, o sassafrás, a magnólia e a tulipa, são magnólias.

7. As monocotiledóneas têm tipicamente folhas com nervuras paralelas, partes da flor em três, embriões com um único cotilédone, membros do tubo crivado com plastídeos com cristais de proteínas sem grãos de amido, feixes vasculares dispersos e raízes adventícias proeminentes. As monocotiledóneas consistem em plantas económica e ecologicamente importantes como agaves, bananas, gramíneas, íris, lírios, cebolas, orquídeas, palmeiras, juncos, juncos, inhames e yuccas.

8. As eudicotiledóneas têm tipicamente folhas com nervuras em rede, partes da flor em quatro ou cinco, embriões com dois cotilédones, membros dos tubos crivosos com plastídeos e grãos de amido, feixes vasculares do caule em anel, estames com filamentos finos e pólen tricolpado. As eudicotiledóneas basais incluem Ranunculales e Proteales, enquanto o grupo principal contém três linhagens principais: cariofilídeos, rosídeos e asterídeos. As eudicotiledóneas incluem plantas económica e ecologicamente importantes como os mirtilos, o trigo sarraceno, os cactos, as cenouras, o café, as videiras, o cânhamo, as leguminosas, os melões, as papoilas, as batatas, as rosas, o sândalo, os frutos de caroço, os morangos, os girassóis, o chá, a teca, os tomates e as nozes.

9. A geografia vegetal é o estudo da distribuição das plantas no mundo. Alguns clados estão amplamente distribuídos, enquanto outros estão estreitamente limitados a uma parte do mundo e a um tipo de ambiente. Nos últimos milhares de anos, as populações humanas transportaram, de propósito e acidentalmente, plantas para regiões onde estas ainda não tinham chegado sozinhas, criando uma paisagem global mais homogénea. As angiospérmicas têm uma importância excecional para as pessoas no que respeita a alimentos, fibras, produtos farmacêuticos, materiais de construção, ornamentos e bebidas.

CAPÍTULO 2

2. GYMNOSPERMS

2.1. Principais caraterísticas, distribuição, diversidade e classificação

As gimnospérmicas ("sementes nuas") são um grupo diversificado de plantas com sementes e são parafiléticas. Os grupos parafiléticos não incluem descendentes de um único ancestral comum. As caraterísticas das gimnospermas incluem sementes nuas, gâmetas femininos e masculinos separados, polinização pelo vento e traqueídos, que transportam água e solutos no sistema vascular. As gimnospermas modernas são classificadas em quatro divisões principais e compreendem cerca de 1.000 espécies descritas. Coniferophyta, Cycadophyta e Ginkgophyta são semelhantes na sua produção de câmbio secundário (células que geram o sistema vascular do tronco ou caule) e no seu padrão de desenvolvimento de sementes, mas não estão estreitamente relacionadas filogeneticamente entre si. As Gnetophyta são consideradas o grupo mais próximo das angiospérmicas porque produzem tecido xilemático verdadeiro que contém traqueídos e elementos de vaso.

As gimnospérmicas compreendem um pequeno grupo de plantas com sementes caracterizado por sementes nuas (gimno-nuas, espermatozóides-sementes) e ausência de vasos (exceto Gnetopsids), formação de endosperma independente da fertilização e resultando geralmente em endosperma haploide (ausência de fertilização dupla), ausência de tubos de peneira e células companheiras. O grupo está representado por cerca de 15 famílias, 80 géneros e cerca de 820 espécies, na sua maioria árvores e arbustos de folha perene, distribuídos por todo o mundo e formando extensas florestas na América do Norte, Europa e Ásia. Representam alguns dos maiores (*Sequoiadendrod giganteum* da Califórnia), mais altos (*Sequoia sempervirens* da Califórnia e do Oregon) e mais longevos (*Pinus aristata*) organismos do mundo.

As gimnospérmicas são árvores ou arbustos lenhosos, não existindo plantas herbáceas neste grupo. As plantas têm um sistema radicular bem desenvolvido, por vezes com cianobactérias simbióticas fixadoras de azoto (raízes coralóides de *Cycas*) ou micorrizas (*Pinus*). O cilindro vascular tem xilema com traqueídeos com orlas e floema com células crivosas. As folhas não têm nervuras laterais, mas são compensadas por tecido de transfusão. Os esporângios são heterosporados, microsporângios e megasporângios, suportados por microsporófilos e megasporófilos, respetivamente; estes últimos estão frequentemente dispostos em cones distintos. Cada microsporângio produz numerosos micrósporos dispostos em tétrades, uma vez que cada **célula-mãe do micrósporo** sofre meiose para produzir quatro micrósporos haplóides. O núcleo **do micrósporo** sofre divisões repetidas para formar **o gametófito masculino**, que desenvolve a parede para se tornar um grão de pólen. O **megasporângio**, conhecido como **óvulo**, por outro lado, desenvolve uma única **célula-mãe de megásporo**, cercada por **nucelo** e **tegumento**, com uma abertura conhecida como **micrópila**, no final do tegumento. Dos quatro megásporos haplóides resultantes da meiose, três degeneram, e apenas um **megásporo** é funcional. Mais tarde, após repetidas divisões nucleares e formações de paredes, produz um **gametófito feminino** com vários **arquegónios**, constituídos por um ovócito aumentado e duas ou quatro **células do colo**. Os grãos de pólen das gimnospérmicas são transportados pelo vento, pousam na micrópila e aderem ao líquido pegajoso libertado pelo gametófito feminino. O pólen germina para produzir um tubo polínico que cresce através do nucelo e liberta dois espermatozóides. Um funde-se com o óvulo para formar o zigoto após a fertilização. O último desenvolve-se num embrião dentro do óvulo maduro conhecido como **semente**. As gimnospermas têm sido reconhecidas como um grupo distinto das angiospermas desde que Robert Brown (1827) estabeleceu a sua identidade.

Quatro grupos distintos de gimnospérmicas existentes, a saber Cicas, Coníferas, Gnetopsídeas e *o* monotípico *Ginkgo* foram, no entanto, tratados de forma diferente por vários autores. Chamberlain (1935) dividiu as gimnospérmicas em duas classes: Cycadophytes (Cycadofilicales, Bennettitales e Cycadales) e Coniferophytes (Cordaitales, Ginkgoales, Coniferales e Gnetales). Arnold (1948) separou os membros de Gnetales numa terceira classe separada, elevada ao nível das divisões por Pant (1957), reconhecendo Cyacadophyta, Chlamydospermophyta e Coniferophyta. Cronquist, Takhtajan e Zimmerman (1966) incluíram as gimnospérmicas em Pinophyta, divididas em três subdivisões: Cycadicae classes Lyginopteridatae, Cycadatae e Bennettitatae), Pinicae (classes Ginkgoatae e Pinatae) e Gneticae. Gnetales (por vezes tratadas em três ordens distintas: Gnetales, Ephedrales e Welwitschiales, e depois designadas coletivamente por Gnetopsids) são únicas entre as gimnospérmicas pela presença de vasos e pela ocorrência de fertilização dupla em *Ephedra,* em que um núcleo masculino se funde com o núcleo do canal ventral, produzindo embriões supranumerários (e não o endosperma das angiospérmicas); o endosperma, no entanto, permanece haploide. *Ephedra* também apresenta estruturas reprodutivas semelhantes a flores e gametófito feminino altamente reduzido. Os primeiros estudos consideravam que as Gnetales estavam mais intimamente relacionadas (até mesmo irmãs) com as angiospermas, tornando as gimnospermas parafiléticas. Estudos recentes baseados em evidências moleculares, no entanto, apontam afinidades entre Gnetales e coníferas.

O género monotípico *Ginkgo* (colocado no género monotípico Ginkgoales, Ginkgoaceae) é único e aparentemente não relacionado com outras gimnospérmicas, sendo frequentemente designado como um fóssil vivo, mantendo várias caraterísticas primitivas como folhas em forma de leque com veias dicotómicas, espermatozóides móveis e ausência de tubos polínicos. O género é também único na presença de cromossomas sexuais: dois cromossomas *X* nas plantas femininas e *XY* nas plantas masculinas. Estudos moleculares recentes (Qui *et al.*, 2006; Wu *et al.*, 2007) apontaram para uma relação próxima com as Cycadales, com as quais o género partilha caraterísticas como o hábito dioico, o tubo polínico ramificado que se afasta do óvulo, os gâmetas masculinos móveis com vários flagelos e a parede celular. Tratamentos recentes de Gimnospérmicas seguindo a tradição APG preferem tratar os quatro grupos distintos de gimnospérmicas existentes sob ordens distintas: Cycadales, Ginkgoales, Coniferales e Gnetales. O mesmo tratamento é adotado no presente livro.

2.2. Classificação das gimnospérmicas com famílias representativas

As plantas com sementes não angiospérmicas existentes estão incluídas num grupo conhecido como Gymnospermae, ou gimnospérmicas (de *gymnos*, nu + *sperm*, semente). Na última década, com base em estudos morfológicos e moleculares limitados, as gimnospérmicas foram largamente aceites como um táxon não natural, parafilético, agrupado mais com base no que lhes faltava (flores) do que em qualquer apomorfia definitiva. Para além disso, as Gnetales (discutidas mais tarde) foram consideradas como o parente vivo mais próximo das angiospérmicas, constituindo um grupo denominado Anthophytes. No entanto, estes resultados nunca foram considerados particularmente robustos. Muito recentemente, análises cladísticas mais intensivas utilizando sequências de múltiplos genes forneceram provas bastante fortes de que as gimnospérmicas são de facto um grupo monofilético e são irmãs das angiospérmicas. As relações dentro das gimnospérmicas são pouco claras, mas muitos resultados mostram as cicadáceas (ou Cycadophyta) como a linhagem mais basal, seguida pelo grupo *Ginkgo* (Ginkgophyta) e depois as coníferas (Coniferophyta). Curiosamente, as Gnetales são mais frequentemente colocadas dentro das coníferas (muitas vezes como grupo irmão das Pinaceae). Assim, as Anthophytes já não são reconhecidas como um grupo natural.

Figura 19. As progimnospermas

Descrição da figura: A-B. Archeopteris, uma lignófita extinta. A. Reconstrução da planta. B. Sistema de ramos, mostrando folhas e esporângios. C-E. Medullosa, uma samambaia de sementes extinta C. Reconstrução da planta, D. Impressão de folha fóssil (Neuropteris, E. Secção longitudinal da semente (Puchytesta)

2.3. Caraterísticas de Cycadophyta, Ginkgophyta, Coniferophyta e Gnetophyta

2.3.1. Cycadophyta

As cicadáceas desenvolvem-se em climas amenos e são frequentemente confundidas com palmeiras devido à forma das suas folhas grandes e compostas. Produzem grandes cones e, o que é invulgar nas gimnospérmicas, podem ser polinizadas por escaravelhos e não pelo vento. Dominaram a paisagem durante a era dos dinossauros no Mesozoico (251-65,5 milhões de anos atrás). Apenas uma centena de espécies de cicadáceas persistiram até aos tempos modernos. Estas espécies enfrentam uma possível extinção e várias espécies estão protegidas através de convenções internacionais. Devido à sua forma atractiva, são frequentemente utilizadas como plantas ornamentais em jardins.

Cycadophyta-Cycads: A Cycadophyta, ou cicadáceas, é um grupo relativamente antigo de plantas que já foram muito mais comuns do que atualmente e que serviram de alimento para os dinossauros não aviários comedores de plantas. As cicadáceas existentes têm agora uma distribuição bastante restrita, consistindo em cerca de 185 espécies em cerca de 11 géneros. As cicadáceas encontram-se no sudeste da América do Norte, no México, na América Central, em algumas ilhas das Caraíbas, na América do Sul, no leste e sudeste da Ásia, na Austrália e em partes de África. Muitas cicadáceas em todo o mundo têm importância económica por serem utilizadas como fonte de amido alimentar (por vezes denominado sagu), tipicamente colhido no ápice do tronco imediatamente antes de um fluxo de folhas ou estruturas reprodutivas. Algumas cicadáceas, especialmente *a Cycas revoluta*, a palmeira-sagu, são plantadas para fins hortícolas.

Figura 20. Diversidade de cicadáceas, Zmiaceae

Descrição da figura: A. Macrozamia moorei (Austrália), B. Bowenia spectabilis (Austrália), mostrando uma única folha composta bi-pinada, C. Lepidozamia peroffskyana (Austrália Oriental), D. Stangeria eriopus (África), E. Encephalartos lebomboens (África)

As cicadáceas são uma linhagem aparentemente monofilética que consiste em plantas com um caule ou tronco geralmente curto e ereto, raramente alto e semelhante a uma palmeira (como no género erradamente designado *Microcycas*). O tronco tem folhas dispostas em espiral, maioritariamente compostas pinadas. Apenas o género *Bowenia* da Austrália tem folhas compostas bipinadas. O tronco das cicadáceas não apresenta geralmente ramificação lateral (axilar); assim, a **perda de ramificação axilar** no tronco aéreo pode ser uma apomorfia para as cicadáceas. É interessante notar que as folhas das cicadáceas têm **vernação circinada** como nos fetos, talvez uma retenção primitiva que se perdeu noutras plantas com sementes. Em termos reprodutivos, todos os indivíduos de cicadáceas são machos ou fêmeas; este sexo da planta é denominado **dioico**.

Figura 21. Reprodução das cicadáceas: Cycadaceae (Cycas)

Descrição da figura: A-E. Cycas revoluta, sagueiro; A indivíduo macho com cone macho, B. Folhas com vernação circinada, C. Grande plano do cone macho, D. Esporofilo macho com esporângios, E. indivíduo fêmea, mostrando agregado de esporofilos fêmeas (sem cones), F. Esporofilo fêmea com sementes marginais imaturas, G. Cycas circirnalis, fêmea, mostrando esporofilos fêmeas maduros com sementes (sem cones).

A classificação das cicadáceas varia, mas evidências recentes sugerem que a melhor forma de as agrupar é em duas famílias: Cycadaceae e Zamiaceae. A Cycadaceae, que consiste apenas no género *Cycas*, distingue-se por não formar cones femininos. Nas espécies de *Cycas*, as sementes são produzidas nas margens inferiores de numerosos **esporofilos femininos** (também chamados megasporofilos) que se reúnem no ápice do tronco em massas densas. As espécies de *Cycas* têm cones masculinos, que são encontrados em todas as cicadáceas (ver discussão posterior). A família Zamiaceae difere das Cycadaceae por ter **cones** masculinos e femininos, também chamados de **estróbilos**. Recorde-se que os cones são sistemas de rebentos determinados, constituídos por um único eixo que contém **esporofilos**, folhas modificadas com esporângios ligados. Os cones masculinos possuem **esporofilos masculinos** (também chamados de microsporofilos), cada um dos quais possui numerosos esporângios masculinos. Os esporângios masculinos, também chamados **microsporângios**, produzem micrósporos haplóides que se desenvolvem em grãos de pólen. Os cones femininos têm **esporofilos femininos** (também chamados de megasporofilos), cada um dos quais contém duas sementes. É interessante notar que o pólen de todas as cicadáceas liberta espermatozóides móveis para o óvulo de um cone feminino, um vestígio de uma condição ancestralmente aquática.

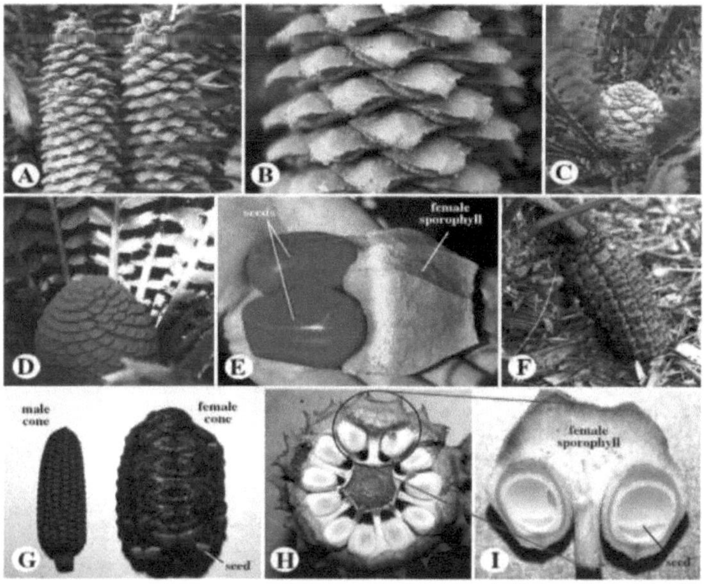

Figura 22. Reprodução de cicadáceas, Zmiaceae.

Descrição da figura: A-B: Encephalartos altensteinii, cones masculinos; C. Encephalartos arenarius, fêmea com cone; D, Encepartos ferxox, fêmea, com cone vermelho de altura; E. Encephalartos maikensis, esporofilo feminino com duas sementes presas; F. Ceratozamia Mexicana, cone feminino; G. Zamia sp. Cones masculinos e femininos; H-I: Espécie Ceratozamia, cone feminino e esporofilo com óvulos.

2.3.2. Ginkgophyta

A única espécie sobrevivente de ginkgófito é o *Ginkgo biloba.* As suas folhas em forma de leque, únicas entre as plantas com sementes por apresentarem um padrão de venação dicotómico, tornam-se amarelas no outono e caem da planta. Durante séculos, os monges budistas cultivaram *o Ginkgo biloba,* assegurando a sua preservação. É plantada em espaços públicos porque é invulgarmente resistente à poluição. Os órgãos masculinos e femininos encontram-se em plantas separadas. Normalmente, os jardineiros só plantam árvores masculinas porque as sementes produzidas pela planta feminina têm um cheiro desagradável a manteiga rançosa.

Ginkgophyta-Ginkgo: A Ginkgophyta, ou ginkgophyta, tem um extenso registo fóssil mas contém apenas uma espécie existente, *o Gingko biloba.* Esta espécie é nativa apenas de certas regiões remotas da China, mas foi atualmente plantada em todo o mundo como uma árvore de rua popular. *O Ginkgo biloba*, ao contrário das cicadáceas (e semelhante às coníferas, abordadas de seguida), é uma árvore lenhosa altamente ramificada. Pode ser reconhecida pelo facto de ter rebentos curtos para além dos rebentos longos e pelas suas folhas obtriangulares (em forma de leque), frequentemente com dois lóbulos e venação dicotómica. *O Ginkgo*, tal como as cicadáceas, é **dioico** e tem esperma ancestralmente móvel. As árvores masculinas *de Ginkgo* possuem estruturas reprodutivas que são chamadas de cones, mas que não possuem estruturas que se assemelham a esporofilos.

Estes cones masculinos são constituídos por um eixo central com hastes laterais, cada uma das quais com dois microsporângios. Os microsporângios deiscem longitudinalmente, libertando os grãos de pólen. As árvores femininas *de Ginkgo* não apresentam cones. As estruturas reprodutivas femininas são constituídas por um eixo com dois óvulos terminais.)

A figura seguinte (Figura 23) representa a descrição pormenorizada do Ginkgo biloba. Descrição da figura: **A-B**. Crescimento vegetativo; Note-se que as folhas em forma de leque, agrupadas em rebentos curtos; **C**. Folha de perto, mostrando a venação dicotómica. **D**. Árvore masculina com cones masculinos, **E**. Cone masculino, **F-G**. Grande plano dos esporângios masculinos, em pares no pedúnculo que surge do eixo central do cone masculino. **H**. Planta feminina com pedúnculo com um par de óvulos. **I**. Grande plano de um par de óvulos. Nota: gotícula de polinização da micrópila.

Figura 23. Ginkgo biloba

2.3.3. Coniferophyta/as Coníferas

As coníferas são o filo dominante das gimnospérmicas, com a maior variedade de espécies. A maioria são árvores altas que normalmente têm folhas em forma de escama ou de agulha. A forma fina das agulhas e a sua cutícula cerosa limitam a perda de água por transpiração. A neve desliza facilmente das folhas em forma de agulha, mantendo a carga leve e diminuindo a quebra dos ramos. Estas adaptações ao clima frio e seco explicam a predominância das coníferas em altitudes elevadas e em climas frios. As coníferas incluem as conhecidas árvores de folha perene, como os pinheiros, abetos, cedros, sequóias e teixos. Algumas espécies são de folha caduca e perdem as folhas de uma só vez no outono. O lariço europeu e a tamareira são exemplos de coníferas de folha caduca. Muitas árvores coníferas são exploradas para a produção de pasta de papel e de madeira. A madeira das coníferas é mais primitiva do que a madeira das angiospérmicas; contém traqueídos, mas não elementos de vaso, e é designada por "madeira mole".

Coniferophyta-Coníferas: As Coniferophyta, ou coníferas, são outro grupo antigo de plantas terrestres que já foram dominantes na maioria das comunidades vegetais em todo o mundo. Atualmente, foram em grande parte substituídas por angiospérmicas, mas ainda constituem a espécie dominante em várias florestas de coníferas. As coníferas constituem um grupo monofilético de árvores ou arbustos altamente ramificados com **folhas simples**, sendo esta última uma possível apomorfia do grupo. As folhas das coníferas são lineares, aciculares (em forma de agulha) ou subuladas. Nalgumas coníferas as folhas estão agrupadas em **rebentos curtos**, nos quais os entrenós adjacentes têm um comprimento muito curto. Um extremo desta situação é o **fascículo**, por exemplo, em espécies de *Pinus*, os pinheiros. Um fascículo é um rebento curto especializado que consiste em tecido do caule, uma ou mais folhas em forma de agulha e escamas persistentes do botão basal. Uma segunda apomorfia aparente das coníferas, incluindo as Gnetales (discutida a seguir), é a perda de motilidade dos espermatozóides. Este facto distingue as coníferas das outras gimnospérmicas, que possuem espermatozóides flagelados. As coníferas, como todas as plantas com sementes existentes, são **sifonogâmicas**, ou seja, os gametófitos masculinos desenvolvem tubos polínicos. Tal como nas cicadáceas e no *Ginkgo*, estes tubos polínicos são haustórios, consumindo os tecidos do nucelo (tecido megasporangial) durante cerca de um ano após a polinização. No entanto, uma diferença (provavelmente relacionada com a não mobilidade dos espermatozóides) é que o gametófito masculino das coníferas leva os espermatozóides mais diretamente para o óvulo através do crescimento do tubo polínico até à câmara arquegonial, onde entra em contacto com o gametófito feminino na arquegónia ou perto dela. Os espermatozóides não nadadores são então libertados do tubo polínico, entram em contacto com o óvulo arquegonial e fertilizam o núcleo do óvulo. Uma vez que existe mais do que um arquegónio por semente, podem ocorrer múltiplos eventos de fertilização, resultando em múltiplos embriões jovens, mas normalmente apenas um sobrevive na semente madura.

Em termos reprodutivos, as coníferas produzem cones masculinos e cones femininos, quer no mesmo indivíduo (**monoicia**) quer, menos frequentemente, em indivíduos diferentes (**dioicia**). Como em todas as plantas vasculares, os cones são constituídos por um eixo que contém esporofilos. Tal como nas cicadáceas, os estróbilos masculinos possuem **esporofilos masculinos** (microsporofilos). Estes esporofilos masculinos contêm os **esporângios masculinos** (microsporângios) que produzem **os grãos de pólen**. Os grãos de pólen das coníferas são interessantes pelo facto de serem, na sua maioria, bi-sacados, em que duas bexigas se desenvolvem a partir da parede do grão de pólen. Estas estruturas sacatas, tal como as bexigas de ar, podem funcionar para transportar o pólen mais eficientemente pelo vento. Podem também funcionar como dispositivos de flutuação, para ajudar na captura e transporte de grãos de pólen por uma gota de polinização formada nas plantas com sementes que não florescem.

Os cones femininos da maioria das coníferas são diferentes dos de outras plantas com sementes. Os cones femininos das coníferas são uma estrutura **composta**. São constituídos por um eixo com folhas modificadas chamadas **brácteas**, cada uma das quais subtende a estrutura portadora de sementes, chamada **escama ovulífera**. A escama ovulífera é de facto um sistema de ramos laterais modificado. A prova disso é a orientação invertida da vasculatura e os fósseis intermediários entre as coníferas actuais e as coníferas fósseis e outro grupo fóssil chamado Cordaitales. Na maioria dos cones femininos de coníferas, as escamas ovulíferas são muito maiores do que as pequenas brácteas. Nalgumas coníferas, por exemplo, *Pseudotsuga* ou Douglas-fir, as brácteas são alongadas e podem ser vistas no exterior das escamas ovulíferas. Os cones femininos da maioria das coníferas têm duas sementes na superfície superior de cada escama ovulífera. As sementes maduras são tipicamente aladas, uma adaptação para a dispersão de sementes pelo vento. As famílias importantes de coníferas incluem as **Araucariaceae** (por exemplo, buya bunya, monkey puzzle e Norfolk Island-pin; **Cupressaceae**, ou família dos ciprestes (por exemplo, ciprestes, zimbros, cedro-do-incenso, cipreste-careca, sequóias gigantes e sequóias vermelhas, incluindo as Taxodiaceae; **Podocarpaceae** (incluindo o pinheiro teixo); **Taxaceae**; e **Pinaceae**, ou família dos pinheiros (incluindo cedros, pinheiros, abetos, abetos de Douglas, larícios e cicutas).

Figura 24. Coníferas, Estruturas de reprodução

Descrição da figura: A-F. Espécies de Pinus; A. Cone feminino jovem, no momento da polinização, B. Grande plano, mostrando as escamas ovulíferas e as brácteas. Notar os grãos de pólen. C. Cone fêmea com um ano de idade. D. Pinho coulteri, pinho de Coulter, pinha adulta (a mais maciça de todas as espécies). E. Pinhas fêmeas, em secção direita. F. Grande plano da secção longitudinal, mostrando a bráctea e a escama ovulífera. G. Cone feminino da espécie Pseutotsuga. Notar as brácteas alongadas e as escamas ovulíferas largas. H. Escama ovulífera imatura, vista superior mostrando duas sementes aladas. I. Semente alada madura de Pinus.

Figura 25: Diversidade de coníferas

Descrição da figura: A. Araucariaceae. A: Araucaria heterophylla. Pinheiro da ilha de Northfolk, B-G: Cupressaceae; B. Cupressus macrocapa, cipreste de Monterrery, C. Cupressus sempervirens, com cones femininos, D. Juniperus californica, zimbro da Califórnia, com cones femininos esbranquiçados, E. Sequoia sempervirens, sequoia vermelha com sistema de ramos achatados com folhas lineares, F. Sequoiadendron giganteum, sequoia gigante, ramos com folhas em forma de furador, G. Taxodium disttichum, cipreste calvo, com ramos em forma de folha e cones femininos, H. Podocarpaceae, Pocarpus falcatus. Note-se que as sementes não estão agregadas nos cones femininos. I-J: Taxaceae, espécies de Taxus, Teixo, I.

Ramos com cone macho portador, J. Ramo com cone fêmea de semente sigilosa rodeada por arilo vermelho e esbranquiçado, K-L. Pinaceae, K. Abies magni ca, r, cone feminino, L. Espécie Cedrus, cedro, com cones femininos

Ciclo de vida de uma conífera

Os pinheiros são coníferas e possuem esporofilos masculinos e femininos na mesma planta. Como todas as gimnospérmicas, os pinheiros são heterosporos e produzem micrósporos masculinos e megásporos femininos. Nos cones masculinos, ou cones estaminados, os microsporócitos dão origem a micrósporos por meiose. Os micrósporos desenvolvem-se então em grãos de pólen. Cada grão de pólen contém duas células: uma célula geradora que se dividirá em dois espermatozóides e uma segunda célula que se tornará a célula do tubo polínico. Na primavera, os pinheiros libertam grandes quantidades de pólen amarelo, que é transportado pelo vento. Alguns gametófitos pousam num cone feminino. O tubo polínico cresce lentamente a partir do grão de pólen e a célula geradora do grão de pólen divide-se em duas células espermáticas por mitose. Um dos espermatozóides acaba por unir o seu núcleo haploide ao núcleo haploide de um óvulo no processo de fertilização.

Os cones femininos, ou cones ovulados, contêm dois óvulos por escama. Um megasporócito sofre meiose em cada óvulo. Apenas uma única célula haploide sobrevivente se desenvolverá num gametófito multicelular feminino que envolve um óvulo. Após a fertilização, o zigoto dará origem ao embrião, que é envolvido por um revestimento de sementes de tecido da planta-mãe. A fertilização e o desenvolvimento da semente é um processo longo nos pinheiros - pode demorar até dois anos após a polinização. A semente que se forma contém três gerações de tecidos: o revestimento da semente que se origina do tecido da planta-mãe, o gametófito feminino que fornecerá os nutrientes e o embrião propriamente dito. A Figura 26 ilustra o ciclo de vida de uma conífera.

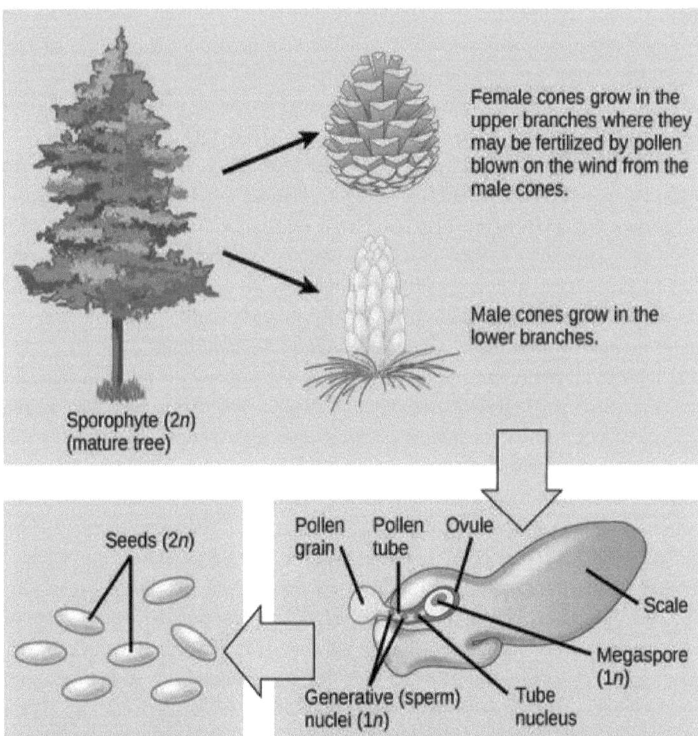

Os cones femininos crescem nos ramos superiores, onde podem ser fertilizados pelo pólen soprado pelo vento a partir dos cones masculinos.

Os cones masculinos crescem nos ramos inferiores.
Esporófito (2n) (árvore adulta)
As sementes são dispersas e transformam-se em árvores adultas
Forma-se um tubo polínico, permitindo que o pólen migre em direção ao gametófito feminino. Após a fertilização, forma-se um zigoto diploide.

Figura 26. O ciclo de vida de uma conífera

2.3.4. Gnetófitas: As Gnetófitas

As gnetófitas são os parentes mais próximos das angiospérmicas modernas e incluem três géneros de plantas diferentes. Tal como as angiospérmicas, têm folhas largas. As espécies de *Gnetum* são maioritariamente trepadeiras em zonas tropicais e subtropicais. A única espécie de *Welwitschia* é uma planta invulgar, de crescimento baixo, que se encontra nos desertos da Namíbia e de Angola. Pode viver até 2000 anos. O género *Ephedra* está representado na América do Norte em zonas secas do sudoeste dos Estados Unidos e do México. *As* folhas pequenas e semelhantes a escamas *da éfedra* são a fonte do composto efedrina, que é utilizado na medicina como um potente descongestionante. Uma vez que a efedrina é semelhante às anfetaminas, tanto na estrutura química como nos efeitos neurológicos, a sua utilização está limitada a medicamentos sujeitos a receita médica. Tal como as angiospérmicas, mas ao contrário de outras gimnospérmicas, todas as gnetófitas possuem elementos de vaso no seu xilema.

Gnetales: As Gnetales, também designadas por Gnetopsida ou por vezes Gnetophyta, são um grupo interessante que contém três famílias actuais: Ephedraceae (constituída por *Ephedra*, com cerca de 65 espécies), Gnetaceae (constituída por *Gnetum*, com 28 espécies, mais o género monotípico *Vinkiella*) e Welwitschiaceae (constituída pela única espécie *Welwitschia mirabilis*). Pensa-se frequentemente que as Gnetales são o grupo irmão das angiospérmicas, estando os dois grupos unidos por algumas caraterísticas obscuras, possivelmente incluindo microsporofilos espiralados, algo semelhantes a periantos, em estruturas que podem assemelhar-se a flores. No entanto, como já foi referido, estudos moleculares recentes colocaram os Gnetales no grupo das coníferas.

As Gnetales estão unidas (entre outras coisas) pela ocorrência de (1) pólen estriado; e (2) vasos com placas de perfuração porosas (semelhantes a poros), em oposição às placas de perfuração escalariformes (semelhantes a barras) das angiospérmicas basais. Os vasos das Gnetales derivaram independentemente dos das angiospérmicas. As estruturas reprodutivas de várias Gnetales apresentam alguns paralelos com as flores das angiospérmicas. *A Ephedra* das Ephedraceae é um arbusto bastante comum no deserto e pode ser reconhecida pelos caules fotossintéticos e estriados e pelas folhas muito reduzidas em forma de escama, apenas duas ou três por nó. Podem encontrar-se cones masculinos ou femininos nas axilas das folhas. As Gnetaceae são trepadeiras tropicais (raramente árvores ou arbustos) com folhas opostas (decussadas), simples, parecendo-se com uma angiosperma, mas, obviamente, sem flores verdadeiras. *A Welwitschia mirabilis* das Welwitschiaceae é uma estranha planta nativa dos desertos da Namíbia, no sudoeste de África. Um caudex subterrâneo tem apenas duas folhas, que se tornam bastante longas e laceradas nos indivíduos mais velhos. Os cones masculinos e femininos nascem em taxas que surgem do ápice do caudex. Recentemente, foi verificada a ocorrência de um tipo de **dupla fecundação** em espécies das Gnetales. A dupla fertilização em *Ephedra* implica a fusão de cada uma das duas células espermáticas de um gametófito masculino com núcleos no arquegónio do gametófito feminino. Um espermatozoide funde-se com o núcleo do óvulo e o outro funde-se com o núcleo do canal ventral. De facto, o produto da fusão do espermatozoide e da célula do canal ventral pode até dividir-se algumas vezes mitoticamente, assemelhando-se ao endosperma das angiospérmicas, mas isso não persiste. Assim, a dupla fertilização, que durante muito tempo foi vista como uma caraterística definidora apenas das angiospérmicas, foi recentemente interpretada como uma possível apomorfia das Gnetales e das angiospérmicas em conjunto (as Anthophytes). Esta noção é rejeitada com a atual aceitação das relações entre plantas com sementes, como se pode ver na Figura 5.1, em que as Gnetales estão aninhadas dentro das coníferas. Assim, a dupla fertilização nas Gnetales e angiospermas presumivelmente evoluiu de forma independente. A Figura 27 mostra as apomorfias de Gnetales apomorfias de Gnetales: A: Grãos de pólen estriados, vista facial abaixo, secção transversal acima, B: Vasos com placas de perfuração porosas.

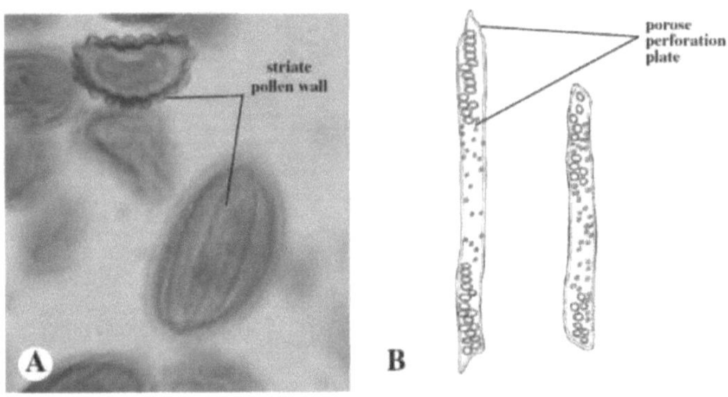

Figura 27. Apomorfias de Gnetales, ilustradas por Ephedra

Figura 28. Exemplares de Gnetales

Descrição da figura: **A-C**. Espécie Ephedra, **A**. Planta inteira, **B**. Planta feminina com cones, **C**. Planta masculina com cones, **D**. Espécie Gnetum Nota folhas opostas, **E-J**: Welwitschia mirabilis, **E**. Planta inteira, mostrando duas folhas alongadas opostas, **F**. Grande plano da região central da planta, **G**; Cones masculinos, **H-J**; Cones femininos.

Em resumo, as gimnospérmicas são plantas heterosporosas que produzem sementes nuas. Apareceram no período Carbonífero (359-299 milhões de anos atrás) e foram a vida vegetal dominante durante a era Mesozóica (251-65,5 milhões de anos atrás). As gimnospérmicas actuais pertencem a quatro divisões. A divisão Coniferophyta - as coníferas - são as plantas lenhosas predominantes em altitudes e latitudes elevadas. As cicadáceas assemelham-se às palmeiras e crescem em climas tropicais. *O Gingko biloba* é a única espécie da divisão Gingkophyta. A última divisão, as Gnetófitas, é um grupo diversificado de espécies que produzem elementos de vaso na sua madeira.

CAPÍTULO 3

3. DIVISAO MAGNOLIOPHYTA (ANGIOSPÉRMICAS)

3.1. Caraterísticas gerais Origem e diversificação das angiospérmicas

As plantas com flor, ou angiospérmicas (também chamadas Angiospermae, Magnoliophyta ou Anthophyta), são um grupo monofilético que se pensa ser atualmente o grupo irmão das gimnospérmicas. As angiospérmicas são, de longe, o grupo de plantas existente mais numeroso, diversificado e bem sucedido, contendo mais de 95% de todas as espécies de plantas terrestres existentes atualmente. As plantas com flor crescem em praticamente todas as regiões habitáveis e são dominantes em alguns ecossistemas aquáticos e na maioria dos ecossistemas terrestres, sendo as florestas de coníferas a exceção notável. As angiospérmicas constituem a maior parte das nossas plantas economicamente importantes, incluindo as nossas culturas alimentares mais valiosas.

Caraterísticas gerais

A variedade de formas encontradas entre as angiospérmicas é maior do que a de qualquer outro grupo de plantas. Só a variedade de tamanhos é notável, desde a mais pequena planta com flor, provavelmente a farinha de água (*Wolffia*; Araceae) com menos de 2 milímetros (0,08 polegadas), até uma das angiospérmicas mais altas, o freixo da montanha da Austrália (*Eucalyptus regnans*; Myrtaceae) com cerca de 100 metros (330 pés). Entre estes dois extremos encontram-se angiospérmicas de quase todos os tamanhos e formas. Exemplos desta variabilidade incluem os suculentos cactos (Cactaceae), as frágeis orquídeas (Família; Orchidaceae), os boabs (espécies de Adansonia, a família da malva; Malvaceae), as trepadeiras, as plantas em roseta como o dente-de-leão (Asteraceae) e as plantas carnívoras como as sundews (Drosera; Droseracea) e a venus flytrap (*Dionaea muscipula*; Droseraceae). Para compreender esta vasta gama de formas, é necessário considerar o plano estrutural básico das angiospérmicas.

Figura 29. Orquídeas

Descrição da figura: **A/Orquídea** (*Vanda*).*E.S. Ross, B/* Uma armadilha ativa da sundew (*Drosera capensis*). Tentáculos sensíveis encimados por glândulas vermelhas secretoras de mucilagem dobram-se para prender e digerir o inseto que se debate.© *Thomas C. Boyden*

Figura 30. Dente-de-leão

Descrição da figura (30): Trata-se de uma planta herbácea típica, (*Taraxacum officinale*).*Alan Punton/A to Z Botanical Collection.* A forma básica das angiospermas é lenhosa ou herbácea. As formas lenhosas são geralmente árvores e arbustos e são ricas em tecidos secundários, enquanto as formas herbáceas (ervas) raramente têm quaisquer tecidos secundários. As plantas anuais são ervas que completam o seu ciclo de crescimento (crescimento, floração e morte) na mesma estação. Podem encontrar-se exemplos de plantas anuais entre as plantas cultivadas de jardim, como o feijão (Phaseolus e outros géneros; Fabaceae), o milho (Zea mays; Poaceae) e as abóboras (Cucurbita; Cucurbitaceae), bem como entre as flores, como alguns ranúnculos (Rannunculaceae) e papoilas (Papaver e outros géneros; Papaveraceae). As bienais também são ervas, mas, ao contrário das anuais, o seu ciclo de crescimento estende-se por dois anos: o crescimento vegetativo (não reprodutivo) da planta ocorre a partir de sementes durante o primeiro ano e as flores e frutos desenvolvem-se durante o segundo. A beterraba (Beta vulgaris; Amaranthaceae) e a cenoura (Daucus carota; Apiaceae) são bienais bem conhecidas (Figuras 30, 31).

Figura 31. A/ Papoila da Califórnia B/ *Daucus carota* (Família Apiaceae)

Descrição da figura 31: A/ Papoila da Califórnia (Eschscholzia californica), B/ Daucus carota (Apiaceae).

As angiospérmicas são um conjunto de cerca de 300 000 espécies de plantas com flor. Representam o maior e mais diversificado grupo do reino Plantae. As angiospérmicas representam aproximadamente 80 por cento de todas as plantas verdes conhecidas que vivem atualmente. As angiospérmicas são plantas vasculares com sementes em que o óvulo (ovo) é fertilizado e se desenvolve numa semente num ovário oco fechado. O ovário propriamente dito está normalmente encerrado numa flor, parte da planta das angiospérmicas que contém órgãos reprodutores masculinos ou femininos, ou ambos. Os frutos derivam da maturação dos órgãos florais das plantas angiospérmicas e são, por conseguinte, caraterísticas das angiospérmicas. Em contrapartida, nas gimnospérmicas, como as coníferas e as cicadáceas, os outros grandes grupos de plantas vasculares com semente, as sementes não se desenvolvem fechadas num ovário, mas são geralmente produzidas expostas nas superfícies de estruturas reprodutivas, como os cones.

Figura 32. Magnólia (*Magnolia fraseri*). © *s_derevianko/Fotoli*

Ao contrário das plantas não vasculares como as briófitas, em que todas as células do corpo da planta participam em todas as funções necessárias para suportar, nutrir e estender o corpo da planta (Exemplo: Nutrição, fotossíntese e divisão celular), as angiospérmicas desenvolveram células e tecidos especializados que desempenham estas funções e desenvolveram ainda tecidos vasculares especializados (xilema e floema) que translocam a água e os nutrientes para todas as áreas do corpo da planta. A especialização do corpo da planta, que evoluiu como uma adaptação a um habitat principalmente terrestre, inclui sistemas radiculares extensos que ancoram a planta e absorvem água e minerais do solo; um caule que suporta o corpo da planta em crescimento; e as folhas, que são os principais locais de fotossíntese para a maioria das plantas angiospérmicas. Outro avanço evolutivo significativo em relação às plantas não vasculares e às plantas vasculares mais primitivas é a presença de regiões localizadas para o crescimento das plantas, denominadas meristemas e câmbio, que se estendem, respetivamente, ao longo do comprimento e da largura do corpo da planta. Exceto em determinadas condições, estas regiões são as únicas áreas em que ocorre a divisão celular mitótica no corpo da planta, embora a diferenciação celular continue a ocorrer ao longo da vida da planta. As angiospérmicas dominam a superfície da Terra e a vegetação em mais ambientes, especialmente em habitats terrestres, do que qualquer outro grupo de plantas. Consequentemente, as angiospérmicas são as mais importantes fontes de alimento para as aves e os mamíferos, incluindo os seres humanos. Além disso, as plantas com flor são o grupo de plantas verdes mais importante do ponto de vista económico, servindo de fonte de produtos farmacêuticos, fibras, madeira, plantas ornamentais e outros produtos comerciais.

Figura 33. Orquídeas: Orquídeas em flor, *Hal Horwitz/Corbis*

Embora a taxonomia das angiospérmicas seja ainda incompletamente conhecida, o mais recente sistema de classificação incorpora um grande conjunto de dados comparativos derivados de estudos de sequências de ADN. É conhecido como o sistema de classificação botânica Angiosperm Phylogeny Group IV (APG IV). As angiospérmicas passaram a ser consideradas um grupo a nível de divisão comparável ao nível de filo nos sistemas de classificação animal chamados Anthophyta, embora o sistema APG reconheça apenas grupos informais acima do nível da ordem.

Figura 34. Madressilva Uma madressilva amarelo-alaranjada (*Lonicera tellmanniana*).

Ao longo deste material, as ordens ou famílias são dadas geralmente entre parêntesis a seguir aos nomes vernáculos ou científicos de uma planta. Após as conversas taxonómicas, os géneros e as espécies são indicados em itálico. Os taxa superiores são rapidamente identificados pelos seus sufixos: as famílias terminam em *aceae* e as ordens *em -ales*. Para uma comparação das angiospérmicas com os outros grandes grupos de plantas, leia os tópicos sobre plantas, briófitas, fetos, plantas vasculares inferiores e gimnospérmicas.

Caraterísticas das Angiospérmicas Basais

As primeiras plantas que apareceram na face da Terra foram as gimnospérmicas. Terão dado origem às plantas com flor há cerca de 245 a 202 milhões de anos. As primeiras plantas com flor que se desviam das angiospérmicas iniciais são chamadas angiospérmicas basais. Investigando o passado evolutivo das angiospérmicas basais, encontram-se alguns grupos que se ramificam, antes do aparecimento das verdadeiras "dicotiledóneas". As angiospérmicas basais eram constituídas *por Ambroella*, *Nymphaeales* e *Austrobaileyales*. Estas plantas com flores eram designadas por *Paleodicots* e não pertenciam nem às eudicots nem às monocots. As caraterísticas basais mostram que tinham estames laminares achatados com grandes filamentos. Possuíam também numerosas tépalas, carpelos separados e folhas dispostas em espiral.

As angiospérmicas são o maior grupo de plantas da Terra. Atualmente, existem cerca de 270.000 espécies conhecidas. Provavelmente há uma por perto neste momento. As angiospérmicas incluem todas as plantas que têm flores e representam cerca de 80% de todas as plantas vivas conhecidas.

Caraterísticas

As angiospérmicas são capazes de crescer numa variedade de habitats. Podem crescer como árvores, arbustos, arbustos, ervas e pequenas plantas com flores. Algumas das caraterísticas das angiospérmicas incluem:

- Todas as angiospérmicas têm flores numa determinada fase da sua vida. **As flores** funcionam como órgãos reprodutores da planta, proporcionando-lhes um meio de troca de informação genética.

- As angiospérmicas têm **pequenos grãos de pólen** que espalham a informação genética de flor para flor. Estes grãos são muito mais pequenos do que os gametófitos, ou células reprodutoras, utilizados pelas plantas que não florescem. Este tamanho reduzido permite que o processo de fertilização ocorra mais rapidamente nas flores das angiospérmicas e torna-as mais eficientes na reprodução.
- Todas as angiospérmicas têm estames. **Os estames** são as estruturas reprodutivas encontradas nas flores que produzem os grãos de pólen que transportam a informação genética masculina.
- As angiospérmicas têm **partes reprodutoras femininas** muito **mais pequenas** do que as plantas que não florescem, o que lhes permite produzir sementes mais rapidamente.
- As angiospérmicas têm **carpelos** que encerram sementes em desenvolvimento que podem transformar-se em frutos.
- Uma grande vantagem das angiospérmicas é a produção de endosperma. **O endosperma** é um material que se forma após a fertilização e serve como fonte de alimento altamente nutritivo para a semente e a plântula em desenvolvimento.

Exemplos

As angiospérmicas apresentam-se numa grande variedade de formas. Alguns exemplos comuns de angiospérmicas incluem as magnólias, as rosas, as tulipas e os tomates. As árvores de magnólia podem ser encontradas em todo o sul dos Estados Unidos. Estas árvores são exemplos de angiospérmicas. São árvores de grande porte que crescem até 40 pés de altura. As suas flores grandes e impressionantes são utilizadas para atrair polinizadores e como meio de reprodução.

3.2. Caraterísticas de diagnóstico das angiospérmicas

As caraterísticas que distinguem as Angiospermas incluem:

As angiospérmicas têm óvulos que estão encerrados num ovário. Existem dois subtipos de angiospérmicas: as monocotiledóneas e as dicotiledóneas. As caraterísticas mais proeminentes das angiospérmicas são a capacidade de florescer e produzir frutos. Existem mais de 2.50.000 espécies de angiospérmicas.

1. As angiospérmicas são capazes de crescer numa variedade de habitats. Podem crescer como árvores, arbustos, arbustos, bem como ervas. Estas plantas têm esporófitos diplóides (2n). As angiospérmicas têm uma raiz subterrânea distinta, bem como um sistema de rebentos aéreos.
2. As angiospérmicas têm tecidos condutores muito bem desenvolvidos. Estes tecidos incluem o xilema e o floema dispostos em forma de feixes vasculares. O xilema contém vasos. Do mesmo modo, o floema é constituído por tubos de peneira e células companheiras.
3. Os feixes vasculares das monocotiledóneas estão dispostos em caules, numa secção transversal. As dicotiledóneas têm os feixes vasculares organizados em forma de anel. A medula para armazenamento, bem como o córtex para resistência e estrutura encontram-se nos tecidos do caule. O crescimento dos tecidos do caule ocorre devido a uma camada de células cambiais. A parte exterior dos tecidos do caule é coberta por uma camada de epiderme.
4. O sistema radicular das angiospérmicas é também muito complexo. As raízes também contêm córtex, floema, xilema e epiderme. Têm pêlos radiculares que ajudam a absorver melhor a água e os minerais do solo. A absorção ocorre por difusão e transporte ativo.
5. As folhas realizam fotossíntese e são cobertas por uma cutícula cerosa para evitar a evaporação da água das folhas. Não existem aberturas estomáticas na epiderme superior. Este facto ajuda a evitar o excesso de transpiração. As aberturas estomáticas estão presentes na epiderme inferior.
6. As flores são uma das caraterísticas mais diferenciadoras das angiospérmicas. São as

estruturas reprodutoras das angiospérmicas. A flor tem um tálamo que é um eixo curto e quatro espirais de esporofilos dispostos no tálamo. As quatro espirais da folha floral incluem o cálice, a corola, o androceu e o gineceu. As sépalas, as pétalas, os estames e os carpelos constituem os verticilos.

7. Os estames produzem pólen que ajuda na polinização quando atingem o estigma. Após a germinação de um grão de pólen, é produzido um tubo polínico que contém gâmetas masculinos não móveis. O tubo polínico chega ao ovário através de um estilete. Os ovários de uma angiosperma contêm um nucelo e dois integumentos que contêm uma micrópila. Os carpelos fechados que envolvem os óvulos ajudam a evitar a auto-fertilização.

8. As caraterísticas principais que distinguem as angiospérmicas também incluem a fusão dupla e tripla. Isto leva à formação de um zigoto (2n) e de uma célula endosperma triploide (3n). A célula do endosperma produz o endosperma e o zigoto desenvolve-se num esporófito.

9. A fecundação ocorre por polinização, que inclui a polinização por insectos, a polinização pelo vento, etc. O endosperma é produzido após a fertilização e antes de o zigoto sofrer a sua primeira divisão. O endosperma ajuda a fornecer nutrição para o embrião em desenvolvimento, bem como para as mudas. O óvulo fertilizado desenvolve-se em sementes e depois amadurece num fruto. As sementes estão encerradas nos frutos e são dispersas por animais e seres humanos que comem os frutos.

Como se pode ver, as angiospérmicas são dicotiledóneas (flor com estames e pistilos em fluxos separados na mesma planta ou em plantas diferentes) e monocotiledóneas (estames e pistilos na mesma flor). O sistema de raízes e rebentos é a caraterística principal das angiospérmicas. São as principais fontes de alimentação dos animais e dos seres humanos. Encontram-se em várias zonas como a água (hidrófitas), condições xéricas (xerófitas), solos húmidos (mesófitas), solos salinos (halófitas) e mesmo sobre outras plantas (epífitas).

As 18 principais caraterísticas das Angiospermas | Plantas com Flores

Os pontos seguintes destacam as dezoito principais caraterísticas das Angiospérmicas:

1. O esporófito, que é a planta dominante no ciclo de vida, diferencia-se em raízes, caule e folhas.
2. O mais alto grau de perfeição do sistema vascular com vasos verdadeiros no xilema e células companheiras no floema.
3. A organização das microsporofilas (estames) e megasporofilas (carpelos) numa estrutura denominada flor, típica apenas das angiospérmicas.
4. A presença de quatro microsporângios (sacos polínicos) por microsporofila (estame).
5. Os óvulos estão sempre encerrados num ovário que é a região basal do megasporofilo.
6. Produção de dois tipos de esporos, os micrósporos (grãos de pólen) e os megásporos (óvulos). As angiospermas são, portanto, heterosporadas.
7. Presença de um único megásporo funcional que fica permanentemente retido no nucelo ou no megaesporângio.
8. Adaptação da flor à polinização por insectos.
9. A polinização consiste na transferência dos grãos de pólen da antera para o estigma.
10. O dimorfismo dos esporos resultou na produção de gametófitos, masculinos e femininos.
11. Redução extrema do tamanho, da duração da existência e da complexidade da estrutura dos gametófitos, que são inteiramente parasitas.
12. O gametófito masculino atingiu os limites da redução. É constituído apenas pelo grão de pólen e o tubo polínico contém o núcleo do tubo e dois gâmetas masculinos ou núcleos. As células masculinas (gâmetas) não são ciliadas.

13. O gametófito feminino não apresenta desenvolvimento extensivo de tecido vegetativo. É constituído por três células do aparelho embrionário, três células antipodais e dois núcleos polares no centro do saco embrionário.
14. As células ou núcleos masculinos não móveis são transportados pelo tubo polínico para a vizinhança do aparelho ovocitário.
15. A semente ou sementes permanecem encerradas no ovário amadurecido, chamado fruto.
16. O fenómeno da dupla fecundação ou da tripla fusão é caraterístico das angiospérmicas.
17. O endosperma desenvolve-se após a fertilização. É triploide.
18. As angiospérmicas estão completamente adaptadas à vida na terra.

Caraterísticas diagnósticas: Várias apomorfias distinguem as angiospermas de todas as outras plantas terrestres: (1) a flor, geralmente com um perianto associado; (2) estames com dois tecas laterais, cada um composto por dois microsporângios; (3) um gametófito masculino reduzido, com 3 núcleos; (4) carpelos e formação de frutos; (5) óvulos com dois integumentos; (6) um gametófito feminino reduzido, com 8 núcleos; (7) formação de endosperma; e (8) membros do tubo crivado.

Algumas destas caraterísticas apomórficas, que representam o produto de um evento evolutivo único, foram modificadas em determinadas linhagens de angiospérmicas. A diversidade e classificação destes grupos são discutidas em Amborellales, Nymphaeales, Austrobaileyales, Magnoliids, Ceratophyllales, Monocots e Eudicots. Segue-se uma revisão das apomorfias das plantas com flor e da história evolutiva geral.

Apomorfias de angiospermas: a flor

Talvez a caraterística distintiva mais óbvia das angiospérmicas seja a **flor**. Uma flor pode ser definida como um sistema de *rebentos modificado* e *determinado* que contém um ou mais **estames**, coletivamente designados **por androceu**, e/ou um ou mais **carpelos** (que constituem um ou mais **pistilos**), coletivamente designados por **gineceu** (ver discussão posterior). A maioria das flores das angiospermas é **bissexual** (**perfeita**), contendo tanto estames como carpelos, mas algumas são **unissexuais** (**imperfeitas**), tendo apenas estames ou carpelos. Para além disso, a maioria das flores (mas não todas) tem um **perianto**, que consiste em folhas modificadas na base do sistema de rebentos.

O perianto de uma flor protege as outras partes florais durante o desenvolvimento floral e funciona como um atrativo para a polinização. A maioria das flores tem um perianto constituído por *duas* espirais ou séries de partes distintas: um **cálice** exterior e uma **corola** interior. O cálice é geralmente verde e fotossintético, composto por **sépalas** semelhantes a folhas ou (se estas estiverem fundidas) por **lóbulos do cálice**. A corola é tipicamente colorida, vistosa e odorífera e é composta por **pétalas** individuais ou (se estas estiverem fundidas) por **lóbulos da corola**. No entanto, nalgumas plantas com flor, existem dois verticilos de partes, mas o verticilo exterior e interior das partes do perianto não são diferenciados, assemelhando-se uns aos outros na cor e na textura. O termo **tépalas** é frequentemente utilizado para designar estas partes semelhantes do perianto, podendo referir-se **tépalas exteriores** e **tépalas interiores** para os dois verticilos. Mais raramente, o perianto pode ser constituído por um único verticilo (geralmente designado por cálice, por tradição) ou por três ou mais verticilos discretos.

Finalmente, o perianto de algumas flores é constituído por unidades dispostas em espiral que vão desde estruturas semelhantes a sépalas no exterior até estruturas semelhantes a pétalas no interior, mas sem um ponto claro de diferenciação entre elas; neste caso, as unidades podem ser designadas por **tépalas**, **partes do perianto** ou **segmentos do perianto**.

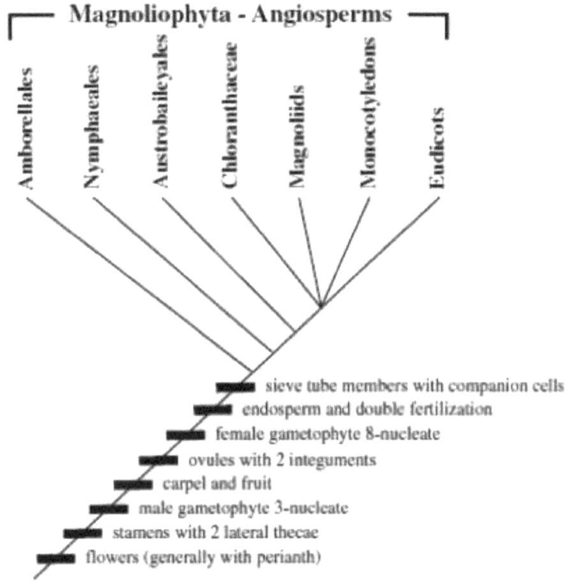

Figura 35. Cladograma das angiospérmicas, mostrando as apomorfias e os principais grupos taxonómicos

Os componentes de uma flor desenvolvem-se de uma forma muito semelhante à das folhas. No início do desenvolvimento floral, as regiões de células que se dividem ativamente crescem, formando montes de tecido semelhantes a protuberâncias, os primórdios. Tipicamente, os primórdios desenvolvem-se em espirais de fora para dentro, na sequência de primórdios da sépala (ou tépalas exteriores) em primeiro lugar, primórdios da pétala (ou tépalas interiores) em segundo lugar, primórdios do estame em terceiro lugar (frequentemente em duas ou mais espirais) e primórdios do carpelo em último lugar. Cada primórdio é tipicamente inervado por um ou mais feixes vasculares (veias); os primórdios podem também transformar-se numa forma engordurada, ou dorsi-ventral (com um lado dorsal e outro ventral), semelhante a folhas. A fusão das partes florais pode ocorrer após a sua formação, denominada fusão pós-genital. Alternativamente, as partes florais podem parecer fundidas na maturidade, mas podem de facto desenvolver-se como uma estrutura única. Por exemplo, o tubo basal de uma corola em que as pétalas estão fundidas (conhecida como corola simpétala) pode formar-se pela expansão vertical de um anel de tecido em divisão ativa que se desenvolve sob primórdios discretos; apenas os lóbulos superiores da corola podem desenvolver-se a partir de primórdios discretos. De um modo geral, a semelhança dos órgãos florais com as folhas em termos de se iniciarem como primórdios foliares de um rebento vegetativo, serem inervados por veias e terem frequentemente uma forma dorsi-ventral é a razão pela qual se pensa que estes órgãos - sépalas, pétalas, estames e carpelos - são homólogos às folhas.

Os estudos em curso sobre a base molecular do desenvolvimento em plantas, especialmente os que utilizam a espécie *Arabidopsis thaliana* (denominada a *Drosophila* do mundo vegetal), têm ajudado a elucidar a base genética do desenvolvimento floral e a natureza destas presumíveis homologias. A investigação neste domínio está resumida no modelo ABC do desenvolvimento floral, no qual os produtos genéticos das chamadas classes A, B e C se combinam para produzir os quatro principais órgãos florais: sépalas, pétalas, estames e carpelos. Neste modelo, as sépalas são expressas apenas pela atividade A; as pétalas por uma combinação das actividades A e B, os estames por uma combinação das actividades B e C, e os carpelos apenas pela atividade C.

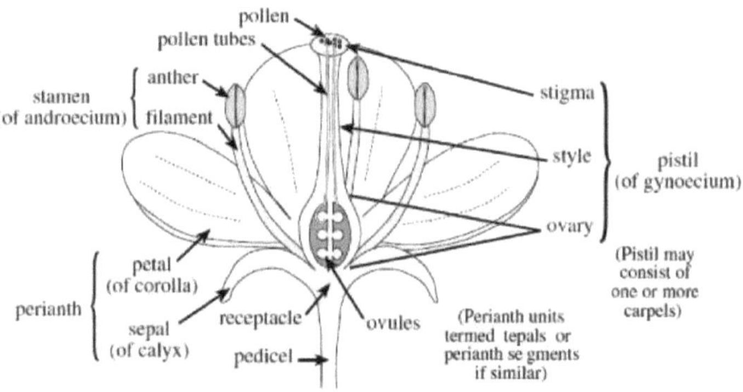

Figura 36. Uma flor típica (esquematizada), ilustrando as partes

Além disso, os genes da chamada classe SEPALLATA são necessários em combinação com os das classes A, B e C para efetuar a identidade correta dos órgãos florais. Todos estes genes de identidade dos órgãos florais funcionam através da produção de factores de transcrição na localização adequada da flor, ou seja, nos verticilos florais mais externos, segundo, terceiro e mais interno. Os factores de transcrição induzem a expressão de outros genes que provocam o desenvolvimento dos quatro órgãos florais. Estudos de desenvolvimento como estes, numa vasta gama de espécies, ajudarão a compreender tanto a base molecular da homologia como os mecanismos de evolução que deram origem à rica diversidade de formas florais.

A flor, com o seu perianto tipicamente vistoso e frequentemente perfumado, evoluiu evidentemente em resposta à pressão selectiva para a transferência de pólen por animais. A polinização animal parece ser a condição primitiva das angiospérmicas, separando-as das gimnospérmicas, predominantemente polinizadas pelo vento. Numerosos e complexos mecanismos de polinização evoluíram em várias linhagens de angiospermas. Estes mecanismos de polinização conduziram, em grande medida, à evolução de inúmeras formas florais, o que explica, em grande parte, o carácter distintivo de muitas famílias de angiospérmicas no que respeita às síndromes florais relacionadas com a biologia da polinização.) Os polinizadores animais podem incluir abelhas, borboletas e traças, moscas, morcegos e aves. No entanto, as flores de muitos grupos são bastante reduzidas em termos de tamanho ou de complexidade estrutural, carecendo frequentemente de um perianto; estas podem ser polinizadas pela água ou pelo vento.

Figura 37. Vários periantos em flores

Descrição da figura: A. Perianto de duas espirais, de aspeto diferente: um cálice de sépalas e uma corola de pétalas (Ruta), B. Perianto de duas espirais, de aspeto semelhante: tépalas exteriores e tépalas interiores (Lilium), C. Perianto indiferenciado, espiralado (Nymphaea).

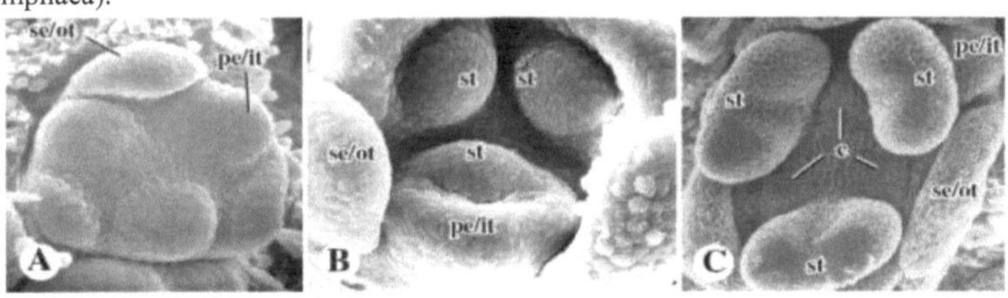

Figura 38. Desenvolvimento da flor

Descrição da figura: **A**/ Desenvolvimento inicial dos primórdios da sépala/tépala externa (se/ot) e dos primórdios da pétala/tépala interna (pe/it); **B**/ Formação posterior dos primórdios do estame (st); **C**/ Estames mais maduros e início precoce dos primórdios do carpelo (c).

Estames

Uma apomorfia distintiva das angiospérmicas é o **estame**, o órgão reprodutor masculino de uma flor. Os estames são interpretados como microsporófilos modificados, folhas modificadas que contêm microsporângios. Os microsporângios produzem micrósporos, que se desenvolvem em grãos de pólen. Alguns estames têm uma estrutura laminar (semelhante a uma folha), à qual a antera está ligada ou embutida. No entanto, os estames da maioria das plantas com flor têm duas partes: um pedúnculo, conhecido como **lamento**, e a parte que contém o pólen, conhecida como **antera**. Alguns estames não possuem uma lamela (ou lâmina), caso em que a antera é **séssil**, diretamente ligada ao resto da flor.

A antera das angiospermas é um tipo de sinângio, um produto de fusão de esporângios. As anteras são únicas por conterem (ancestralmente) dois pares de microsporângios dispostos em simetria bilateral (ou seja, com duas metades espelhadas). Cada par de microsporângios está tipicamente localizado dentro de uma metade discreta da antera chamada de **theca** (plural, **thecae**). Assim, tal antera consiste em dois tecas (denominados **bithecal**), cada teca tendo dois microsporângios para um total de quatro (denominados

tetrasporangiados). Na maturidade, os dois microsporângios de um tecame tipicamente coalescem numa câmara única e contígua, chamada **lóculo da antera**; cada tecame abre-se então para o exterior através de um mecanismo de deiscência específico, libertando o pólen. Note-se que as anteras de algumas angiospérmicas são secundariamente reduzidas a um único lóculo, conhecido como **monoteca** ou **bisporangiata**, um carácter sistemático distintivo. O valor adaptativo dos estames das angiospérmicas em relação aos microsporofilos das gimnospérmicas está provavelmente relacionado com pressões selectivas para a própria flor. Os estames são geralmente mais pequenos e mais leves do que as microsporofilas das gimnospérmicas, e os estames ocorrem geralmente em flores bissexuais, em vez de em cones unissexuais mais maciços. Os cátions modificados do estame permitiram a evolução de mecanismos de polinização especializados, como os que envolvem estames de comprimento ou orientação adequados para transferir o pólen para um polinizador específico, heteromorfismo floral (associado a estames em diferentes níveis na flor em relação a diferentes comprimentos de estilo/estigma), dispositivos de gatilho e estames muito modificados, como as polínias.

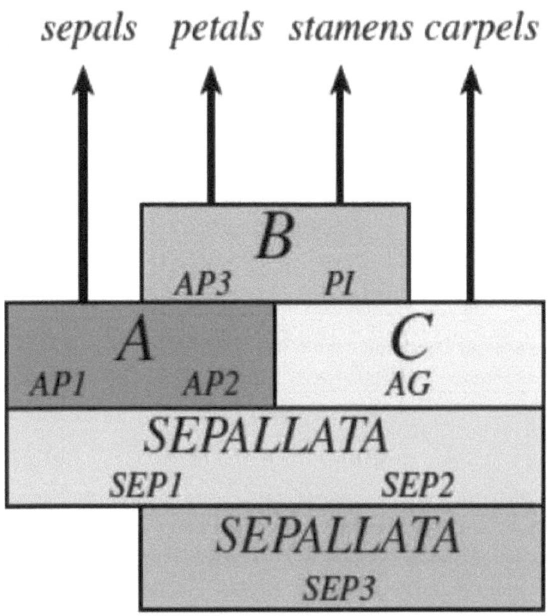

Figura 39. O modelo ABC do desenvolvimento floral

Na figura acima, dentro de cada classe de genes encontram-se genes específicos (AP1, AP2, AP3, AG, PI, SEP1, SEP2, SEP3), identificados em formas mutantes em Arabidopsis thaliana.

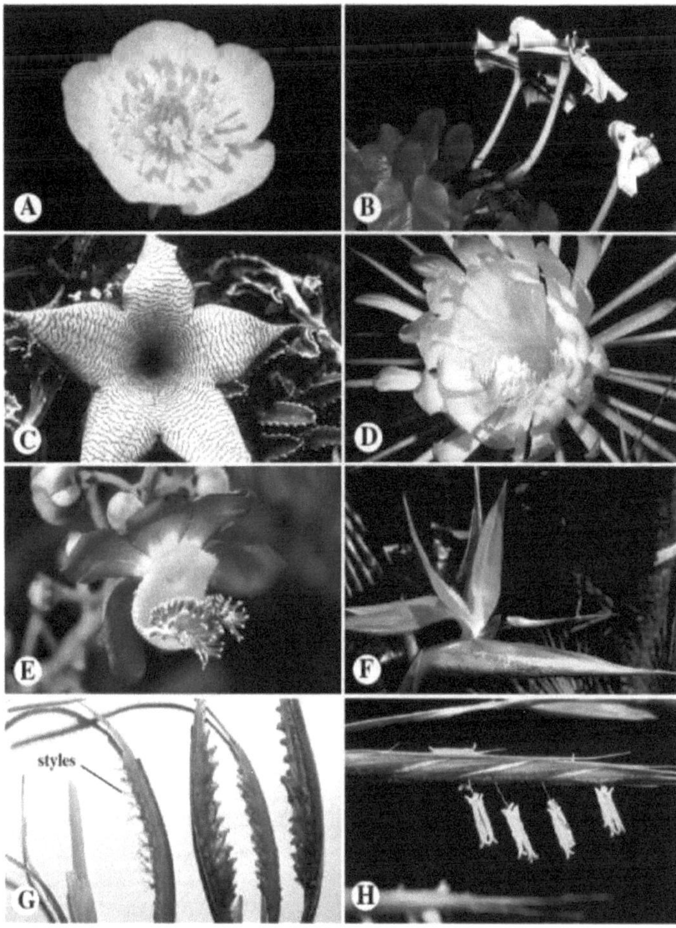

Figura 40. Modificações da flor

Descrição da figura: A/ Espécie de Ranunculus, ranúnculo, polinizada por insectos, B/ Espécie de Colonyction, flor da lua, polinizada por traças, C/ Espécie de Stapelia, flor estrela, polinizada por moscas, D. Selenicereus, cetreus de floração nocturna, polinizada por morcegos, E. Cououpida guinensis, árvore canhão, polinizada por morcegos, F. Sterilizia reginar, ave-do-paraíso, polinizada por aves. G. Phyllospadix torrey, erva-das-safras, polinizada pela água, H. Erva, polinizada pelo vento.

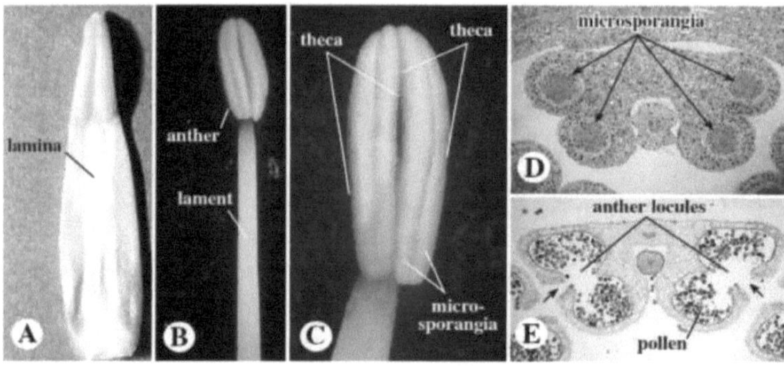

Figura 41. Morfologia do estame

Descrição da figura: A. Estame laminar, Nymphaea, B, C. Estame filamentoso, Aloe. Nota: antera composta por duas tecas, cada uma com dois microsporângios, D. Antera jovem em secção transversal, mostrando quatro microsporângios. E. Secção transversal de antera mais velha no momento da deiscência. Note que as paredes entre os microsporângios adjacentes de cada teca se romperam. As linhas de deiscência são indicadas por setas.

Gametófito masculino reduzido

Outra apomorfia das angiospérmicas é um **gametófito masculino reduzido, com três células**. Nenhum outro grupo de plantas tem um gametófito masculino tão reduzido em número de células. Depois que cada **micrósporo** é formado por meiose dentro do microsporângio, seu único núcleo se divide mitoticamente para formar duas células: uma **célula tubular** e uma **célula generativa**. Quando isso acontece, o micrósporo é transformado num gametófito masculino imaturo e endospórico ou **grão de pólen**. A célula generativa divide-se uma vez, produzindo **dois espermatozóides**.

Os grãos de pólen são libertados com duas ou três células, dependendo se a divisão da célula generativa ocorre antes ou depois da libertação dos grãos de pólen. Se o pólen é libertado com duas células, então a célula geradora divide-se dentro do tubo polínico à medida que este se desloca pelo estilete. O facto de os grãos de pólen serem 2 ou 3-nucleados no momento da libertação pode ser um carácter taxonómico importante.

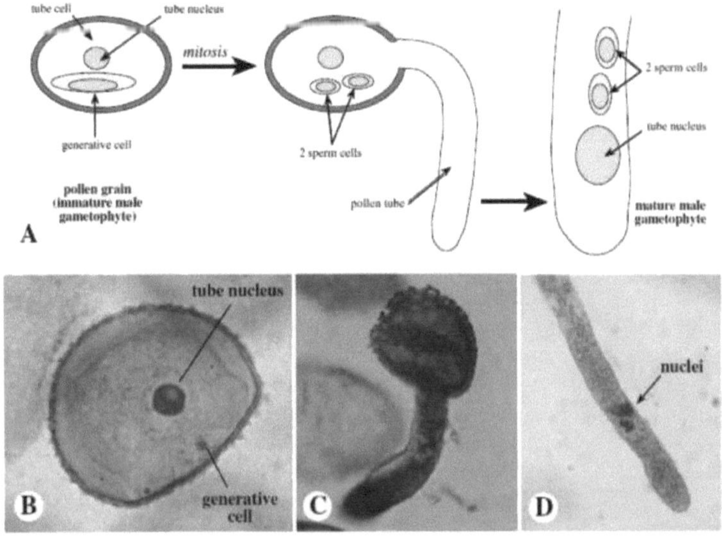

Figura 42. Gametófito masculino de angiosperma

Descrição da figura: A/ Desenvolvimento do gametófito masculino reduzido de 3 núcleos a partir do grão de pólen; B/ Grão de pólen binucleado maduro, com nuclus tubular e célula generativa; C/ Grão de pólen germinante, formando o tubo polínico, D. Ponta do tubo polínico, albergando material nuclear

Os grãos de pólen das angiospérmicas, tal como os das gimnospérmicas, germinam durante o desenvolvimento, o que significa que um **tubo polínico** alongado cresce a partir da parede do grão de pólen, uma condição conhecida como **sifonogamia**. Nas gimnospérmicas, o tubo polínico desenvolve-se depois de os grãos de pólen entrarem na micrópila do óvulo e funciona como um dispositivo haustorial (alimentando-se dos tecidos do nucelo) durante um longo período de tempo.

Em contrapartida, o tubo polínico das angiospérmicas forma-se imediatamente após a transferência do pólen para o estigma. O tubo polínico das angiospermas alonga-se através (e alimenta-se) dos tecidos do estigma e do estilo do carpelo e rapidamente alcança o óvulo, onde penetra na micrópila e transporta as duas células espermáticas diretamente para o gametófito feminino (ver discussão posterior). Os espermatozóides das angiospermas não possuem flagelos ou cílios e, portanto, não são móveis, uma condição derivada das plantas terrestres. A perda de motilidade pode ser uma função do transporte direto das células espermáticas para a micrópila do óvulo. As únicas outras plantas terrestres com espermatozóides não móveis são as coníferas gimnospérmicas (incluindo as Gnetales), que perderam a motilidade dos espermatozóides independentemente das plantas com flor. O significado adaptativo dos gametófitos masculinos reduzidos das angiospermas está provavelmente correlacionado com a evolução de um gametófito feminino reduzido e com o desenvolvimento relativamente rápido das sementes (discutido mais adiante). Nas gimnospermas, a fertilização do espermatozoide e do óvulo ocorre muito tempo depois da polinização, às vezes até um ano; os gametófitos masculinos devem persistir durante este longo período, alimentando-se dos tecidos do nucelo.

Nas angiospermas, no entanto, a fertilização ocorre logo após a polinização. Assim, os gametófitos masculinos das angiospermas são magros, aparentemente requerendo um número mínimo de células e núcleos; eles funcionam para entregar as células espermáticas ao gametófito feminino e efetuar a fertilização muito rapidamente em comparação com as gimnospermas.

Carpa

Uma apomorfia importante das angiospérmicas é o **carpelo**. De acordo com a hipótese mais amplamente aceite, o carpelo constitui um megasporofilo modificado, conduplicado, com duas filas adaxiais de óvulos. (Lembre-se de que um megasporófilo é uma folha modificada que carrega megasporângios, que nas plantas com sementes são componentes dos óvulos e sementes. Conduplicado significa dobrado para dentro longitudinalmente e ao longo da margem central. Este megasporofilo é modificado na medida em que as margens, em virtude da dobra conduplicada, se juntam e se fundem, com certas partes a diferenciarem-se em tecido para receção de pólen e crescimento do tubo polínico, formando tipicamente um estigma apical e um estilo.

Na maturidade, o corpo do carpelo envolve completamente os óvulos e as sementes, o que explica o nome angiosperma (Gr. *angio*, vaso + *sperm*, semente). A natureza esporofílica do carpelo é evidente na medida em que (1) pode desenvolver-se como uma folha, tendo uma forma inicialmente gorda, dorsoventral, com uma superfície adaxial (em direção ao centro superior da flor) e abaxial (afastada do centro superior da flor); e (2) possui nervuras, geralmente uma no meio denominada nervura ou feixe **dorsal** (mediana), correspondente à nervura mediana de uma folha, e duas outras perto das duas margens do carpelo denominadas nervuras/feixes **ventrais** (laterais ou placentárias). Entre os feixes dorsal e ventral ocorrem frequentemente nervuras adicionais e, por vezes, as nervuras fundem-se entre si. As nervuras de um carpelo são tipicamente colaterais, com o xilema no lado adaxial e o floema no lado abaxial. As veias ventrais tornam-se invertidas em orientação após a formação do carpelo, com o xilema e o floema dispostos a 180° da sua orientação original, ou seja, antes da dobra conduplicada. Os carpelos de alguns táxons de angiospermas não mostram evidências de uma natureza conduplicada e lea ike durante o desenvolvimento. É geralmente aceite que estes se tornaram secundariamente modificados ou especializados, particularmente em pistilos compostos (ver discussão posterior). Um tipo, conhecido como carpelo **ascidado**, desenvolve-se a partir de um anel de tecido que cresce para cima, assumindo por vezes uma forma algo peltada. No entanto, os táxons que não possuem um desenvolvimento carpelar conduplicado geralmente ainda têm veias ventrais invertidas, evidência da condição ancestral.

Uma flor pode ter de um a muitos carpelos. Se dois ou mais carpelos estiverem presentes, podem estar separados um do outro (distintos), denominados **apocarpos**, ou fundidos (conatos), denominados **sincarpos**. Devido à fusão frequente dos carpelos, são úteis termos adicionais para descrever as partes femininas de uma flor. O termo **gineceu** é a totalidade das estruturas reprodutivas femininas de uma flor, independentemente da sua estrutura. Assim, um carpelo pode ser alternativamente definido como uma unidade do gineceu. O gineceu é composto por um ou mais **pistilos**. Cada pistilo é constituído por um **ovário** basal, um **estilo** (ou estilos) apical, que pode estar ausente, e um ou mais **estigmas**, o tecido recetivo aos grãos de pólen. Um pistilo pode ser equivalente a um carpelo (neste caso, pode ser designado por **pistilo simples**) ou ser composto por dois ou mais carpelos fundidos, designado por **pistilo composto**. A posição de um ou mais óvulos e a fusão de um ou mais carpelos determinam vários tipos de placentação. A evolução do carpelo teve um significado adaptativo considerável. Em primeiro lugar, como os carpelos são os receptores do pólen, podem funcionar para controlar seletivamente a fertilização. A transferência do pólen para os carpelos é seguida pela germinação do grão de pólen para formar um tubo polínico, que cresce através do tecido do estigma e do estilo até à micrópila do óvulo. No entanto, as substâncias químicas presentes no estigma e no estilo podem inibir a germinação do pólen ou o crescimento do tubo polínico; isto é conhecido como uma **reação de incompatibilidade**, mediada por genes de incompatibilidade. Este tipo de incompatibilidade química ocorre frequentemente entre o pólen e as regiões estigmáticas de espécies *diferentes*. No entanto, também pode ocorrer entre indivíduos da *mesma* espécie, nomeadamente entre indivíduos geneticamente semelhantes e que possuam os mesmos alelos de incompatibilidade. Assim, as reacções de incompatibilidade podem inibir a consanguinidade, permitindo a reprodução apenas entre indivíduos geneticamente diferentes da espécie (i.e., promovendo o outcrossing para mais detalhes). Assim, o carpelo pode, em última análise, fornecer algum controlo seletivo sobre quais os grãos de pólen que contribuem com as células espermáticas que fertilizam o óvulo.

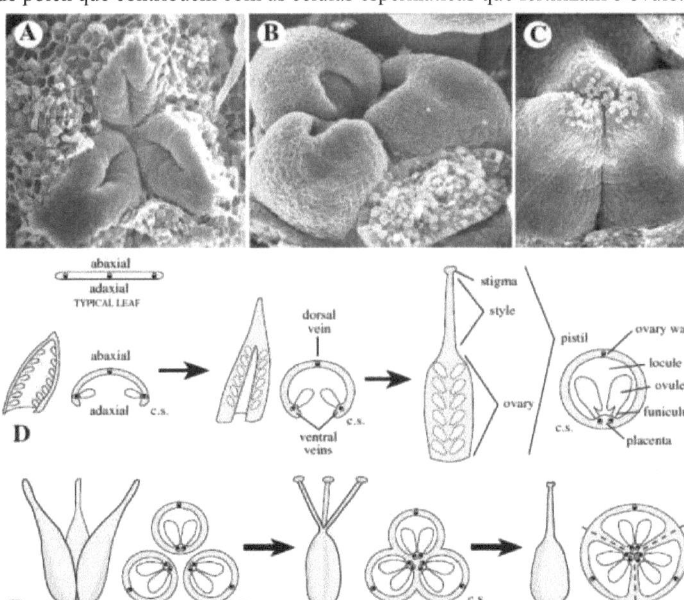

Figura 43. O carpelo, uma apomorfia das angiospermas

Descrição da figura (43): A-C. Micrografia eletrónica de varrimento do desenvolvimento dos carpelos. A/ Formação inicial de três carpelos, mostrando a formação de conduplicados, B/ Fase intermédia de desenvolvimento. Note-se o contacto entre os três carpelos. C/ Estágio maduro, no qual as margens dos carpelos se fecharam e os carpelos adjacentes se fundiram em um gineceu sincarpo (pistilo composto). D. Diagrama do desenvolvimento dos carpelos desde os estádios iniciais até ao ovário maduro, face adaxial abaixo. Notar as nervuras dorsais e ventrais (preto = xilema; branco floema), as últimas tornando-se invertidas, E/ Diagrama ilustrando a sequência evolutiva da fusão dos carpelos.

Uma segunda função adaptativa importante do carpelo diz respeito à formação do fruto e à dispersão da semente. Um **fruto** é o ovário ou ovários maduros (constituídos por um ou mais carpelos) mais qualquer tecido acessório que possa estar presente. Geralmente, os frutos não amadurecem a partir dos ovários se não ocorrer a fertilização da(s) semente(s). A parede do ovário maduro, denominada **pericarpo**, pode ser altamente modificada. Essas modificações geralmente funcionam numa enorme variedade de mecanismos de dispersão. Em geral, se o pericarpo é carnudo, os frutos são dispersos por animais. Nestes frutos carnudos, dispersos por animais, as sementes são transportadas quer passando ilesas pelo intestino do animal (apenas o pericarpo é digerido), quer sendo derramadas durante uma refeição desleixada. Os frutos secos também podem ser dispersos pelos animais, mas normalmente através de farpas externas ou espinhos que se prendem à pele, ao pelo ou às penas. Por último, os frutos podem ser dispersos pelo vento (auxiliado pelo desenvolvimento de asas ou tricomas), pela água (através de vários dispositivos de flutuação) ou mecanicamente (através de vários métodos explosivos, higroscópicos ou de catapulta).

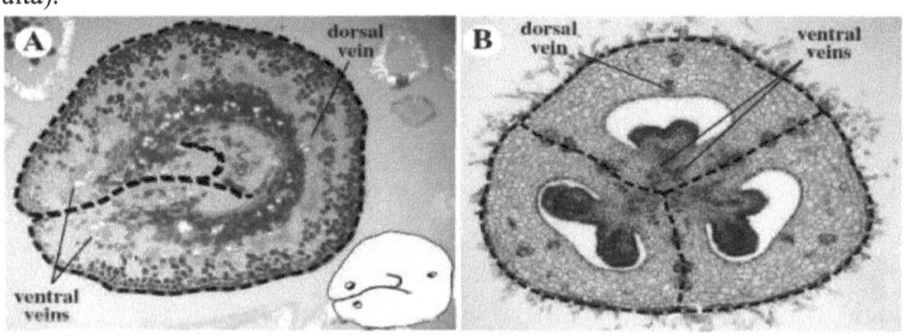

Figura 44. Secção transversal do ovário

Descrição da figura (44): A/ Secção transversal do ovário de um táxon com um único carpelo por flor. Nota: O gineceu unicarpelar refere-se a um único carpelo por flor. Contorno do limite do carpelo (linha tracejada). Diagrama em corte: notar a orientação do xilema (preto) e do floema (branco) das nervuras. B/ Secção transversal do ovário de um táxon com um pistilo sincarpelar de 3 carpelos (carpelos delineados por linhas tracejadas), mostrando as nervuras dorsais e ventrais; Note-se que o feixe vascular fora da nervura dorsal fornece o perianto e os estames, sendo este ovário inferior.

Dois integumentos

Uma apomorfia única das angiospérmicas é o crescimento de **dois integumentos** durante o desenvolvimento do óvulo, os óvulos conhecidos como **bitegmicos**. Todas as plantas com sementes que não florescem têm óvulos com um único tegumento, denominado **unitegmático**. Os dois tegumentos das angiospermas geralmente envolvem completamente o nucelo, formando um pequeno poro na extremidade distal; esta abertura, a **micrópila**, é o local de entrada do tubo polínico. Ambos os tegumentos dos óvulos de angiospermas contribuem para o revestimento da semente. Os dois integumentos coalescem tipicamente durante o desenvolvimento do revestimento da semente, mas podem formar camadas anatomicamente diferentes. O possível significado adaptativo de dois tegumentos, se houver, não é claro, mas pode ter permitido a evolução de camadas especializadas de revestimento de sementes, embora camadas diferenciais de revestimento de sementes também sejam encontradas em vários táxons de gimnospermas. É interessante notar que várias linhagens de angiospermas perderam secundariamente um tegumento e são, portanto, unitegmáticas. Grupos unitegmicos notáveis são muitas Poales das Monocotiledóneas e a maioria dos Asterídeos das Eudicotiledóneas.

Gametófito feminino reduzido

Várias novidades das angiospérmicas têm a ver com a evolução de um tipo especializado de óvulo e de semente. Uma apomorfia importante das angiospermas é um **gametófito feminino reduzido de 8 núcleos**. Como em outras plantas com sementes, um único megasporócito dentro do megasporângio (nucelo) divide-se meióticamente para formar quatro megásporos haplóides. O gametófito feminino normalmente é gerado a partir de apenas um desses megásporos, com algumas exceções em que outros podem contribuir. Tipicamente, o megásporo se divide em uma sequência de três divisões mitóticas, resultando em um total de oito núcleos haplóides. A diferenciação posterior geralmente resulta em um arranjo desses oito núcleos em sete células. Na região micropilar desenvolvem-se três células: um óvulo acompanhado de duas **células sinérgicas**. O óvulo mais sinérgides é por vezes designado por aparelho e gg. Na região **chalazal**, oposta à micrópila, formam-se três células antipodais. O restante volume do gametófito feminino é tecnicamente constituído por uma única célula, denominada **célula central**, que contém dois **núcleos polares**. Os arquegónios não se formam no gametófito feminino das angiospérmicas, como acontece em praticamente todas as outras plantas com sementes. O gametófito feminino em vários táxons de angiospermas pode se tornar ainda mais modificado em relação ao tipo ancestral descrito aqui por variações nas divisões celulares, fusões nucleares e formações celulares. (**Nota:** O gametófito feminino das angiospermas é frequentemente chamado de saco embrionário; esta terminologia, embora frequentemente usada, deve ser evitada, pois não denota a homologia com o gametófito feminino de outras plantas com sementes). O significado de um gametófito feminino reduzido em plantas com flor está provavelmente correlacionado com o tempo de desenvolvimento. A fecundação nas angiospérmicas ocorre muito pouco tempo depois da polinização, ao contrário das gimnospérmicas, em que pode decorrer um longo período de tempo entre os dois eventos. Assim, as angiospermas têm a capacidade de gerar sementes mais rapidamente. Esta caraterística pode ter um enorme valor adaptativo, permitindo, por exemplo, a evolução de ervas anuais de rápida disseminação.

Formação do endosperma

Outra apomorfia importante das angiospermas é a presença de **endosperma**. O endosperma é o produto de **uma dupla fecundação**. Quando o tubo polínico penetra na micrópila do óvulo, penetra numa das células sinérgicas e liberta os dois espermatozóides na célula central do gametófito feminino.

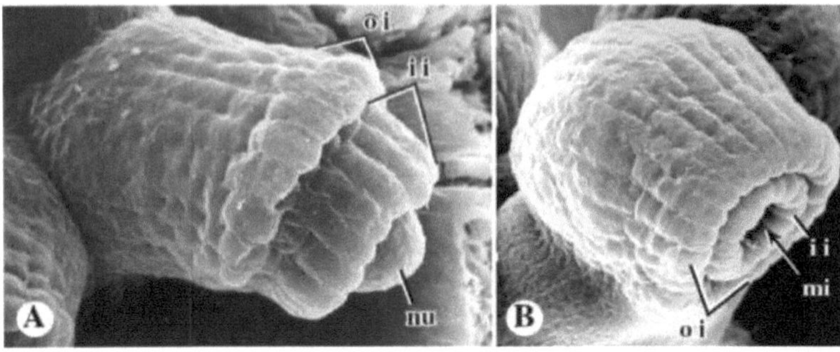

Figura 45. Óvulo bitérmico, a condição ancestral das angiospermas

Descrição da figura (45): A/ Óvulo jovem, mostrando o início do tegumento interno (ii) e do tegumento externo (oi), ambos crescendo em torno do nucelo (nu). B/ Óvulo mais velho, em que os tegumentos interno e externo envolveram o nucelo formando uma micrópila (mi)

Um espermatozoide migra em direção ao óvulo e funde-se com ele para produzir um **zigoto** diploide. Tal como noutras plantas terrestres, o zigoto amadurece num embrião, com estruturas semelhantes às de outras plantas com sementes. A outra célula espermática funde-se com os dois núcleos polares para produzir uma **célula endosperma** triploide, ou 3n. Esta célula endosperma divide-se então repetidamente por mitose, acabando por formar o **endosperma**, uma massa de tecido que geralmente envolve o embrião da semente. O endosperma substitui o gametófito feminino como tecido nutritivo primário para o embrião em praticamente todas as angiospérmicas, contendo células ricas em hidratos de carbono, óleo ou proteínas.

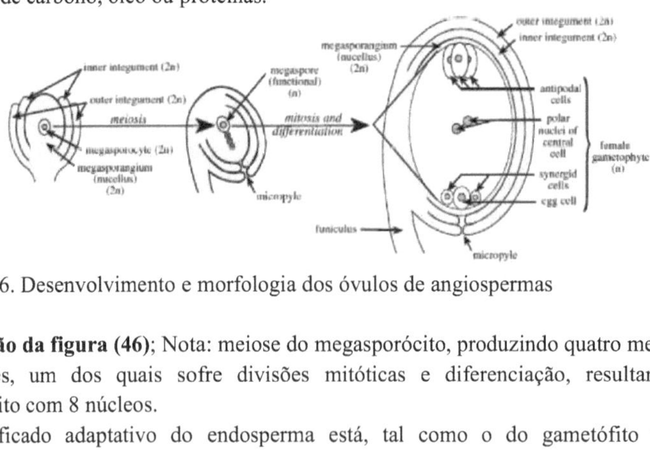

Figura 46. Desenvolvimento e morfologia dos óvulos de angiospermas

Descrição da figura (46); Nota: meiose do megasporócito, produzindo quatro megásporos haplóides, um dos quais sofre divisões mitóticas e diferenciação, resultando num gametófito com 8 núcleos.

O significado adaptativo do endosperma está, tal como o do gametófito feminino reduzido, possivelmente correlacionado com o tempo de desenvolvimento. O tecido nutritivo endosperma das angiospermas só começa a desenvolver-se após a fertilização. Isto contrasta com as plantas com sementes de gimnospermas, nas quais um considerável tecido nutritivo do gametófito feminino é depositado após a polinização, mesmo que os óvulos nunca sejam finalmente fertilizados. Assim, uma das principais pressões selectivas para a evolução do endosperma pode ter sido a conservação de recursos, de tal forma que os compostos de armazenamento de sementes não são formados a menos que a fertilização esteja assegurada.

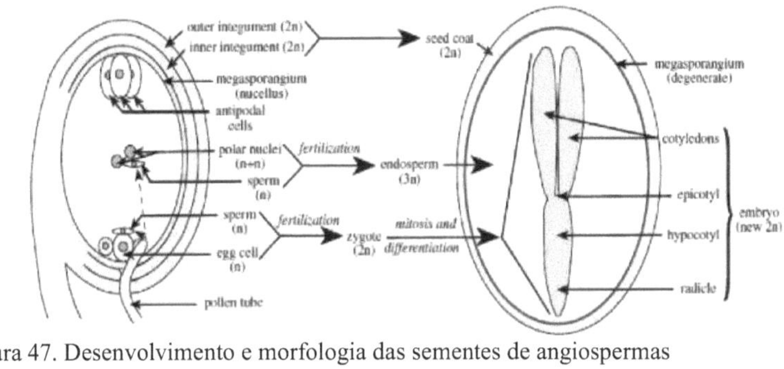

Figura 47. Desenvolvimento e morfologia das sementes de angiospermas

Descrição da figura (47): Sem fecundação do óvulo, formando zigoto e embrião, e fecundação de núcleos polares formando endosperma triploide.

Uma caraterística adicional e funcional do endosperma deriva do facto de o tecido ser triploide. Ter três conjuntos de cromossomas (um do macho e dois da fêmea) pode permitir que o endosperma se desenvolva mais rapidamente (correlacionado com o rápido desenvolvimento geral da semente) e pode também proporcionar um maior potencial de variação química no conteúdo nutritivo.

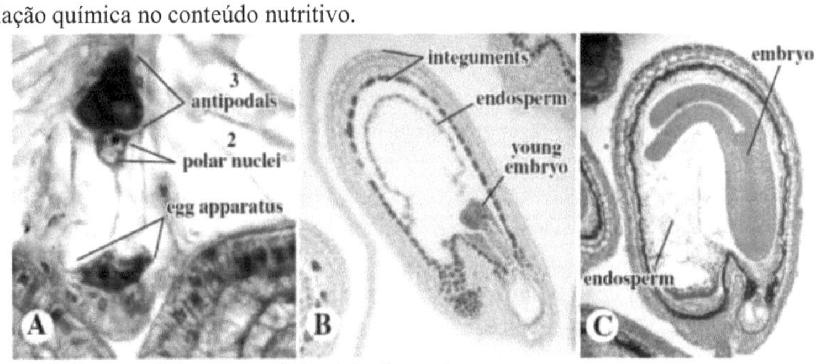

Figura 48. Desenvolvimento embrionário de angiospermas

Descrição da figura (48): A/ Gametófito reduzido, com 8 núcleos (Lachnanthes), mostrando o aparelho do ovo (ovo + células sinérgicas), núcleos polares e antipodais. B, C/ Formação do endosperma (Capsella): B. Fase inicial, C/ Fase posterior da formação da semente

Elementos do tubo do crivo

As angiospérmicas são únicas (com pequenas excepções) por terem **membros do tubo crivado** como células especializadas na condução de açúcar. As células crivadas (e as células albuminosas associadas) são as células primitivas condutoras de açúcar e encontram-se em todas as plantas vasculares não floríferas. Os membros do tubo crivado (e as células companheiras associadas) foram evolutivamente modificados a partir das células crivadas e são encontrados apenas em plantas com flores. Os membros dos tubos crivados diferem das células crivadas ancestrais pelo facto de os poros das paredes terminais serem diferenciados, sendo muito maiores do que os das paredes laterais. Estas colecções de poros diferenciados nas paredes terminais são designadas **por placas de peneira**.

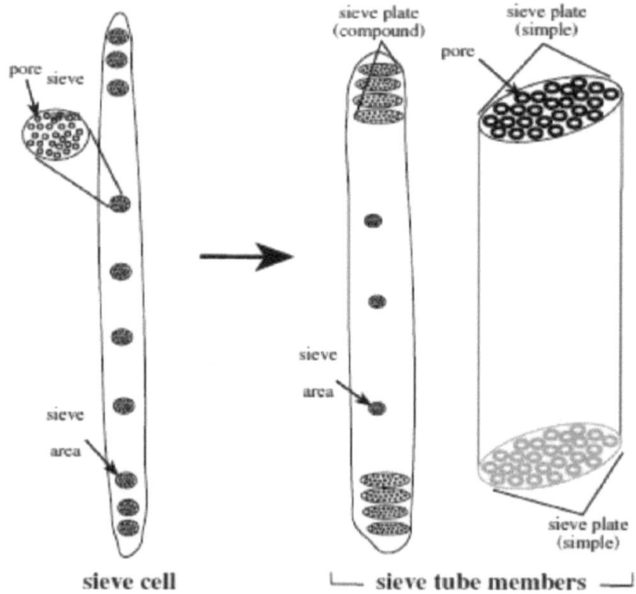

Figura 49. Mudança evolutiva das células crivosas

NB: (esquerda) aos membros dos tubos crivados, sendo estes últimos uma apomorfia das angiospérmicas As placas crivadas podem ser compostas (compostas por dois ou mais agregados de poros) ou simples (compostas por uma região de poros). As células do parênquima associadas aos membros do tubo crivoso são chamadas **células companheiras**. As células companheiras funcionam para carregar e descarregar açúcares na cavidade dos membros do tubo crivado. Ao contrário das células albuminosas similares das gimnospermas, as células companheiras são derivadas da mesma célula-mãe que os membros condutores do tubo crivado. O significado adaptativo dos membros do tubo crivado em relação às células crivadas não é claro, embora possam proporcionar uma condução de açúcar mais eficiente.

Especializações em angiospérmicas

As angiospérmicas são um grupo tremendamente diversificado de plantas com sementes e desenvolveram um grande número de caraterísticas estruturais inovadoras. Várias linhagens de angiospérmicas adquiriram uma variedade espantosa de raízes, caules e tipos de folhas especializados que não se encontram em nenhum outro género de plantas terrestres. E, como já foi referido, as angiospérmicas possuem vários sistemas especializados de polinização e mecanismos de dispersão de frutos/sementes, subprodutos da evolução das flores e dos frutos.

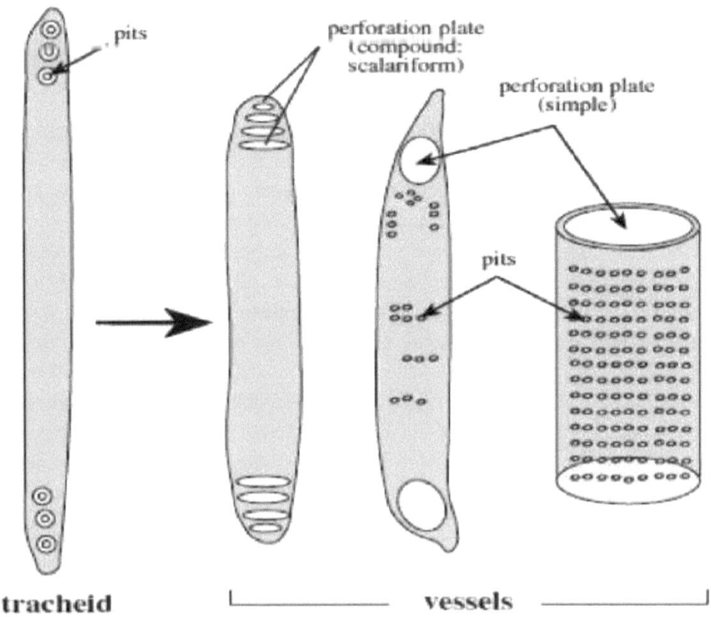

Figura 50. Evolução dos vasos nas angiospérmicas

Note-se que na figura, a transformação de traqueídeo imperfurado para vasos com placas de perfuração. As tendências nas angiospermas incluem a mudança de vasos alongados com placas de perfuração escalariformes para vasos curtos com placas de perfuração simples.

Navios

Uma especialização das angiospermas diz respeito às células condutoras de água e de minerais. A grande maioria das angiospermas tem **vasos**, nos quais as duas extremidades das células têm aberturas, denominadas placas de perfuração. Os vasos constituíram uma inovação evolutiva importante nas angiospérmicas, presumivelmente proporcionando uma condução mais eficiente de solutos. No entanto, nem todas as angiospermas possuem vasos e alguns grupos de plantas com flores basais (por exemplo, Amborellales, algumas Nymphaeales) não possuem vasos, tendo apenas traqueídeos (que não possuem placas de perfuração). Assim, os vasos podem não constituir uma apomorfia para as plantas com flores como um todo, e provavelmente surgiram independentemente em mais de uma linhagem de angiospermas.

Os traqueídos das angiospérmicas basais, sem vasos, apresentam carateristicamente numerosas pontuações transversalmente alongadas (designadas por pontuações escalariformes), especialmente nas paredes das extremidades afiladas onde se juntam a outras células traqueídicas. Os traqueídos com pontuações escalariformes podem ser o elemento traqueal ancestral das angiospérmicas. Em geral, os vasos primitivos assemelham-se aos traqueídeos por possuírem placas de perfuração escalariformes, nas quais as aberturas consistem em numerosas pontuações orientadas transversalmente. As especializações dos vasos incluem (1) modificação da placa de perfuração de escalariforme para uma com menos aberturas, menos orientadas transversalmente, para uma placa de perfuração simples (com uma única abertura; (2) modificação de paredes terminais afuniladas para perpendiculares; e (3) modificação de células longas e estreitas para células curtas e largas.

Origem das angiospérmicas

Como é frequentemente referido, Charles Darwin descreveu a diversificação relativamente rápida das plantas superiores (presumivelmente as angiospérmicas) como um mistério abominável. Os primeiros fósseis definitivos de plantas com flor são grãos de pólen dispersos do início do período Cretáceo, há cerca de 140 milhões de anos. As primeiras flores definitivas surgem ligeiramente mais tarde no registo fóssil, há cerca de 130 milhões de anos. Estes fósseis de plantas com flor podem ser atribuídos a grupos reconhecíveis e existentes. Uma vez que as angiospérmicas surgiram, irradiaram rapidamente em várias linhagens distintas e gradualmente substituíram as gimnospérmicas como a forma de vida vegetal dominante na Terra. No entanto, os pormenores da evolução das angiospérmicas a partir de um precursor gimnospérmico não são claros. Um problema é o que chamar de angiosperma. Muitas das caraterísticas das angiospermas citadas anteriormente, tais como um gametófito masculino reduzido, um gametófito feminino reduzido e a fertilização dupla com endosperma triploide, são microscópicas e citológicas e seria pouco provável que fossem preservadas no registo fóssil. As análises cladísticas das angiospérmicas existentes podem ajudar a elucidar as caraterísticas possuídas pelo antepassado comum das plantas com flor. Assim, seria de esperar encontrar pelo menos algumas dessas caraterísticas nos parentes fósseis mais próximos das angiospérmicas. Com base em estudos cladísticos recentes, *Amborella trichopoda* das Amborellales é aceite como a melhor hipótese para a linhagem mais basal das angiospérmicas. *Amborella* não possui vasos e tem flores unissexuais com um perianto espiralado, estames laminares e carpelos separados. No entanto, outras linhagens quase basais de plantas com flores variam nestas caraterísticas, tornando pouco clara a avaliação das caraterísticas do antepassado comum das angiospérmicas.

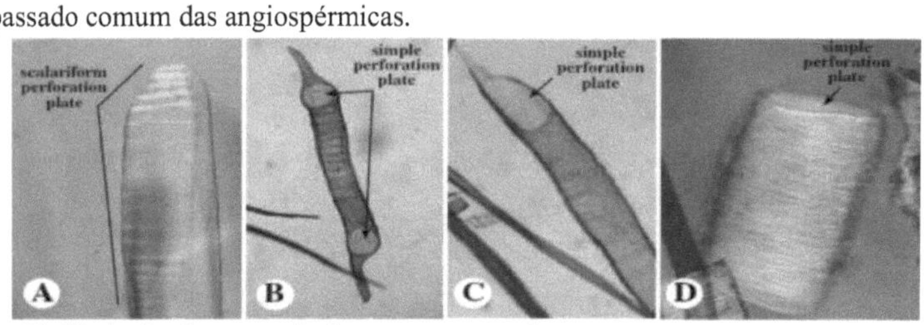

Figura 51. Variação da anatomia dos vasos nas angiospermas

Descrição da figura (51): A/ Liriodendron tulipifera, com placas de perfuração escalariformes. B, C/ Espécies de Quercus, alongadas com placas de perfuração simples. D/ Espécies de Cucurbita, curtas e cilíndricas, com placas de perfuração simples

Uma hipótese atual sobre a origem das angiospérmicas é a de que estas derivaram da modificação de algum membro do grupo conhecido como pteridospérmicas, um conjunto parafilético de plantas extintas que possuíam sementes e tinham uma folhagem geralmente semelhante à dos fetos. Algumas pteridospérmicas podem representar possíveis progenitores de angiospérmicas. Um táxon fóssil que exemplifica uma possível transição para as angiospermas é *Caytonia* dos Caytoniales. *Caytonia* possuía estruturas reprodutivas semelhantes às das angiospérmicas. As estruturas reprodutivas masculinas assemelham-se às anteras por consistirem num produto de fusão (sinângio) de três ou quatro microsporângios; no entanto, diferem das anteras das angiospermas por serem radialmente (e não bilateralmente) simétricas. As estruturas reprodutivas femininas de *Caytonia* consistem num arranjo de unidades em forma de espiga que foram denominadas **cúpulas**. Cada cúpula encerra um conjunto de óvulos/sementes unitegmáticos, com uma pequena abertura na cúpula perto da extremidade proximal. A cúpula tem sido considerada homóloga ao carpelo das angiospermas. No entanto, a cúpula de *Caytonia* é diferente do que se presume ser a morfologia ancestral do carpelo, um megasporofilo conduplicado com óvulos ao longo de duas margens. Além disso, foram descobertos grãos de pólen (monossulcados) na micrópila dos óvulos *de Caytonia*, o que prova que os grãos de pólen foram transportados diretamente para os óvulos (talvez por meio de uma gota de polinização, como ocorre nas gimnospérmicas existentes), e não para uma região estigmática onde se formaram os tubos polínicos. Assim, a cúpula aparentemente não funcionava como um carpelo em termos de local de germinação do pólen. Outra interpretação da cúpula de *Caytonia* é que ela é o homólogo do segundo integumento apomórfico de todas as angiospermas, evoluindo pela redução do número de óvulos dentro da cúpula para um. Em resumo, a homologia da estrutura reprodutiva em *Caytonia* é difícil de decifrar, e nenhuma outra pteridosperma é claramente um progenitor de angiosperma. No entanto, algumas pteridospermas, como *Caytonia*, podem ainda estar mais intimamente relacionadas com as angiospermas do que com as gimnospermas. Um exemplo de um fóssil que pode ajudar a elucidar a evolução inicial das angiospérmicas é o género *Archaefructus*, recolhido recentemente na China, e evidentemente datado de há não mais de 130 milhões de anos, no início do Cretáceo.

Archaefructus (com duas espécies descritas) era aparentemente uma planta aquática, com folhas dissecadas e eixos reprodutivos alongados, cada um dos quais com estames emparelhados em baixo e carpelos com várias sementes em cima. Embora *Archaefructus* pareça ter carpelos bona de, a sua relação com as angiospérmicas actuais é discutível. Segundo uma hipótese, o eixo reprodutivo é interpretado como um perianto inteiro - menos flores (com estames em baixo e carpelos em cima), o eixo talvez homólogo a um recetáculo alongado que faz lembrar algumas Magnoliaceae. Por esta interpretação, esta estrutura reprodutiva pode representar uma flor ancestral (ou precursor de flor), e *Archaefructus* pode ser irmã das angiospérmicas existentes. Uma hipótese alternativa vê o eixo reprodutivo de *Archaefructus* não como uma flor única e acetípica, mas como uma florescência de flores masculinas e femininas individuais e reduzidas, como se vê atualmente em algumas angiospérmicas aquáticas. Segundo este ponto de vista, *Archaefructus* pode muito provavelmente representar um ramo extinto de uma linhagem existente dentro das angiospérmicas, como as Nymphaeales.

Em resumo, parece que mais fósseis terão de ser descobertos e descritos (ou reinvestigados com novas técnicas) antes que o abominável mistério possa ser resolvido de forma satisfatória. As análises cladísticas ajudam, mas há sempre o problema da avaliação da homologia com estruturas que são muito diferentes das formas actuais. Apesar do facto de as relações entre as plantas com flor existentes serem muito mais bem conhecidas com técnicas moleculares avançadas, os fósseis serão fundamentais para compreender a sua origem. O trabalho paleobotânico deve ser continuamente enfatizado como sendo da maior importância para a compreensão das relações entre as plantas.

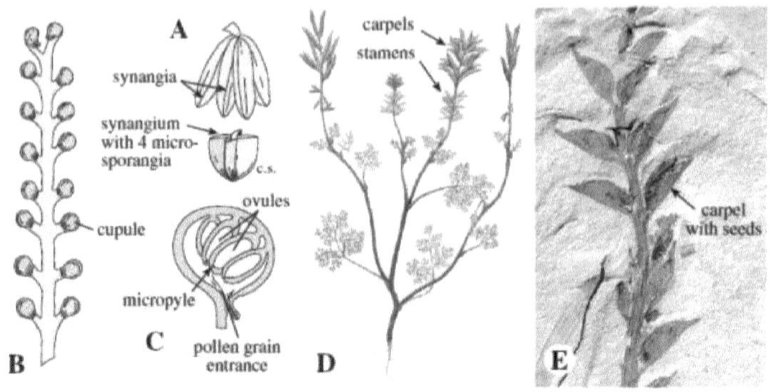

Figura 52. Pteridospérmicas que podem representar possíveis progenitores de angiospérmicas

Descrição da figura (52): A-C/ Caytonia, diagrama redesenhado de Thomas (1925); A/ Grupo de unidades reprodutivas masculinas, cada uma com um sinângio radialmente simétrico de 4 microsporângios (Secções transversais= c.s.); B/ Eixo reprodutivo, com duas fileiras de cúpulas; C/ Cúpula, em secção sagital, mostrando quatro óvulos e abertura na base; D, E/ Archaefrutus; D. Reconstrução de *Archaefructus sinensis*, mostrando eixo reprodutivo com estames proximalmente e carpelo distalmente; E. Impressão fóssil de unidades carpelares de Archaefructus lianogenesis.

3.3. Classificação das angiospérmicas

Anteriormente, as angiospérmicas estavam divididas em **dois** grandes grupos, tradicionalmente reconhecidos como classes: as dicotiledóneas (abreviatura de dicotiledóneas, classe Magnoliopsida) e as monocotiledóneas (monocotiledóneas, classe Liliopsida). A divisão monocotiledóneas-dicotiledóneas foi reconhecida já no século XIX. No entanto, estudos posteriores de filogenia (a história evolutiva de um grupo de organismos) demonstraram que esta divisão não reflecte a história evolutiva das angiospérmicas.

As árvores filogenéticas (que são representações visuais da evolução de um grupo de organismos) que mostram relações históricas foram construídas com base em sequências de ácido desoxirribonucleico (ADN), bem como em caraterísticas morfológicas, químicas e outras. Estas árvores indicam que, enquanto as monocotiledóneas formam um clado, todas as dicotiledóneas **não** formam um grupo distinto. A reclassificação das angiospérmicas com base na filogenia (após APG II) reconhece oito grandes grupos (clados) de angiospérmicas vivas:

1. Eudicotiledôneas-175 espécies caracterizadas por flores 4 ou 5 merosas, pólen com três poros, folhas geralmente ramificadas
2. Monocotiledóneas - 70 000 espécies caracterizadas por uma flor trímera, um único cotilédone, pólen com um poro, folhas geralmente com nervuras paralelas. Ex: gramíneas, orquídeas e palmeiras
3. Magnoliídeas - 9.000 espécies caracterizadas por flores trímeras, pólen com um poro, folhas geralmente ramificadas e com nervuras
4. Ceratophyllales -6 espécies de plantas aquáticas
5. Chloranthaceae - várias dezenas de espécies de plantas aromáticas

6. Austrobaileyales-~100 espécies de plantas lenhosas
7. Nymphaeales - 80 espécies de nenúfares,
8. Amborellales - uma única espécie de arbusto da Nova Caledónia

Aproximadamente 97% das espécies de angiospermas são classificadas como Monocotiledóneas (monocotiledóneas), com cerca de 65.000 espécies, ou Eudicotiledóneas (eudicotiledóneas), com cerca de 165.000 espécies. Os restantes 3% das angiospérmicas são designados por magnoliídeos, um grupo de plantas consideradas com caraterísticas primitivas, entre as quais o pólen com uma única abertura.

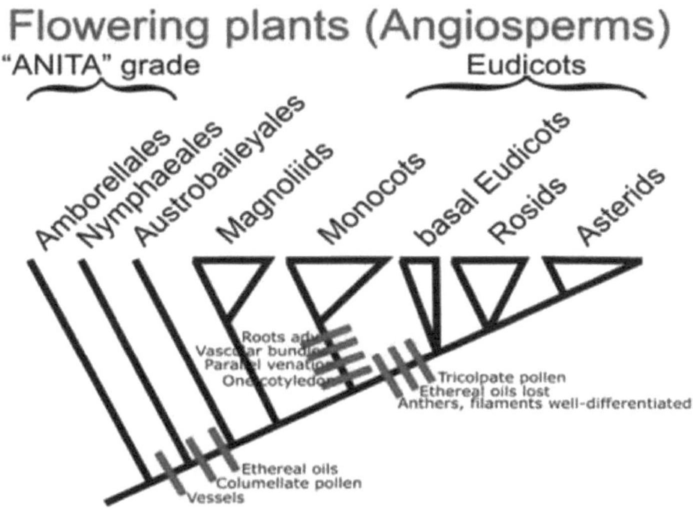

Figura 53. Sinapomorfias selecionadas de angiospérmicas segundo Judd *et al.*, 2008

As plantas com flores são convencionalmente divididas em duas classes principais: Dicotiledóneas (Magnoliopsida) e Monocotiledóneas (Liliopsida). Esta separação em duas classes é geralmente tida como certa, porque é "patentemente óbvia", mas os botânicos nem sempre a reconheceram como os dois grupos fundamentais de angiospérmicas. Apesar dos problemas de reconhecimento dos taxa basais de angiospérmicas, as distinções convencionais entre dicotiledóneas e monocotiledóneas continuam a ser bastante úteis. As principais diferenças morfológicas entre as monocotiledóneas e as dicotiledóneas são, respetivamente, embrião com um único cotilédone vs. embrião com dois cotilédones; pólen com um único sulco ou poro vs. pólen com três sulcos ou poros; partes da flor em múltiplos de três vs. partes da flor em múltiplos de quatro ou mais. partes da flor em múltiplos de quatro ou cinco; nervuras principais da folha paralelas vs. nervuras principais da folha reticuladas; padrão disperso vs. em forma de anel dos feixes vasculares do caule; raízes adventícias vs. raízes que se desenvolvem a partir de radículas; crescimento secundário ausente vs. crescimento secundário frequentemente presente. É graças à extrema plasticidade dos seus órgãos vegetativos e reprodutivos que as angiospérmicas se estabeleceram de forma tão ampla e bem sucedida; a sua génese foi o último elo na cadeia de evolução contínua do reino vegetal do nosso planeta.

Tabela 2. Diferença entre Monocotiledóneas (monocotiledóneas) e Dicotiledóneas (dicotiledóneas)

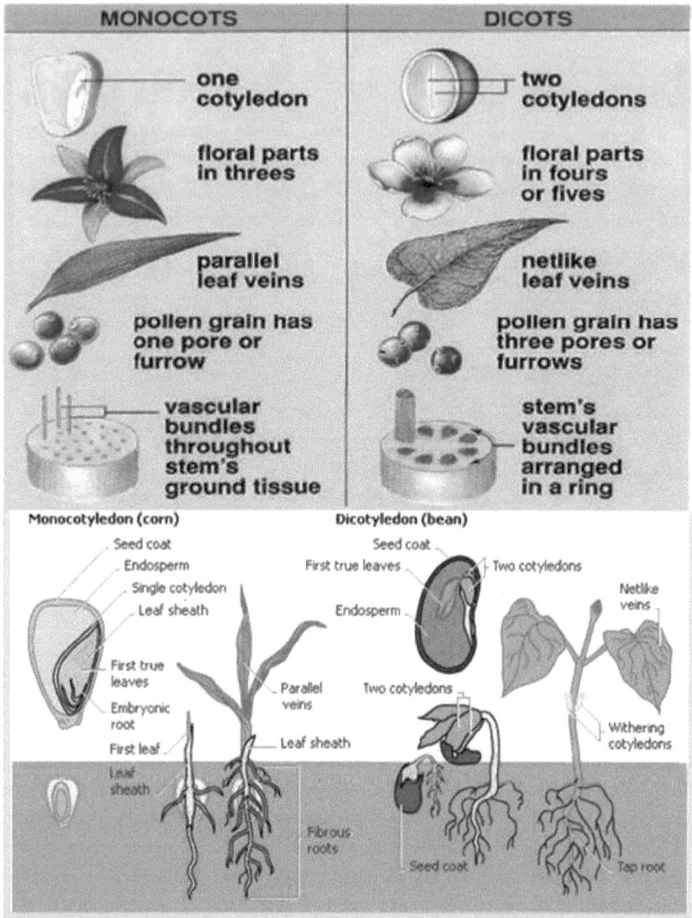

É universalmente aceite que as monocotiledóneas são derivadas das dicotiledóneas primitivas e que as monocotiledóneas devem seguir-se e não preceder as dicotiledóneas em qualquer sequência linear adequada (Cronquist, 1965). Poucas conclusões foram publicadas por botânicos sobre quais caraterísticas são mais avançadas ou mais primitivas. Para além do debate em curso sobre a classificação das angiospérmicas (APG II, 2003), coloca-se também a questão de saber como as histórias de vida das monocotiledóneas e das dicotiledóneas se relacionam com a sua sucessão ecológica em diferentes ecossistemas. A maior parte dos estudos sobre a diversidade vegetal tem-se debruçado sobre a riqueza de espécies e o índice do valor de importância da família (Gentry, Dodson, 1987; Oosterhoorn, Kappelle, 2000; Mada, 2008). Muito poucos estudos investigaram a diversidade vegetal em relação a caraterísticas da história de vida, embora o carácter primitivo ou avançado da história de vida de uma planta influencie a sua capacidade de se estabelecer em diferentes ecossistemas.

Monocotiledóneas e dicotiledóneas: As plantas com flor dividem-se em duas categorias principais: monocotiledóneas (nome completo monocotiledóneas) e dicotiledóneas (nome completo dicotiledóneas). Esta lição abordará as diferenças entre as folhas, os caules, as flores e os frutos das monocotiledóneas e das dicotiledóneas. A semente da planta com um cotilédone é designada por **monocotilédone**, enquanto a semente da planta com dois cotilédones é designada por **dicotilédone**. O gengibre, a banana, o trigo, o milho, a palmeira, a cebola e o alho são alguns exemplos de plantas monocotiledóneas, enquanto a rosa, o amendoim, a batata, o tomate, a ervilha, o eucalipto e o hibisco são exemplos de plantas dicotiledóneas. Conhecer a família de uma planta é útil em muitos aspectos, uma vez que nos ajuda a conhecer muitos factores sobre a planta e como irá germinar, que tipo de semente é e quais são os requisitos para crescer, etc. Entre as várias famílias de plantas, as monocotiledóneas e as dicotiledóneas pertencem à família mais diversificada e ocupada que é a das Angiospérmicas.

As angiospérmicas são plantas com flores, árvores, arbustos e ervas. Conhecem-se cerca de **2,50,000 espécies** desta família. Mantendo a base do embrião sustentado pela semente, as angiospérmicas distinguem-se em duas partes - monocotiledóneas e dicotiledóneas. Em 1682, **John Ray** foi a primeira pessoa a dar este nome taxonómico; mais tarde, um botânico francês**, Antonie Laurent de Jussieu**, popularizou este sistema em 1789. O cotilédone é a '**primeira folha-semente**', presente no embrião, embora não seja a folha verdadeira. Se for uma única folha de semente, é classificada como monocotiledónea e, se for um par de folhas, é denominada dicotiledónea. Mas este não é o único ponto para as distinguir; há outros pontos notáveis também, que são discutidos mais adiante neste artigo.

Definição de Monocotiledóneas

Como o nome sugere: "**mono**" = único, "cotilédone" = a primeira folha única produzida pela semente da planta em crescimento. As monocotiledóneas abrangem cerca de **60.000 espécies** do total das angiospérmicas. Este grupo monofilético deu origem a um grupo mais vasto de plantas como a cebola, o alho, o bambu, a cana-de-açúcar, o trigo, o arroz, as gramíneas, as palmeiras, os lírios, as orquídeas, as bananas e outras. Existem algumas caraterísticas, embora essenciais, que lhes conferem o nome de monocotiledóneas ou monocotiledóneas. A primeira e mais importante caraterística é o **embrião**, que tem uma única folha ou cotilédone, contendo todas as moléculas essenciais para o crescimento da planta. Em segundo lugar, diferem na **disposição das pétalas das flores**, que são em múltiplos de três, como 3's, 6's. A venação das folhas também é **paralela**, as raízes são do tipo adventício e são herbáceas (com caules moles). Não têm crescimento secundário, o que significa que não podem aumentar o seu diâmetro e produzir madeira.

Definição de Dicots

Em contraste com as monocotiledóneas, as dicotiledóneas podem ser definidas como as **plantas que contêm duas ou um par de primeiras folhas** (folhas embrionárias), produzidas pelas sementes das plantas em crescimento. Abrangem cerca de 200 000 espécies do total das angiospérmicas. Os carvalhos, as margaridas, as rosas, os cactos, as leguminosas, a cenoura, as ervilhas, a soja, a couve-flor, o repolho e outras plantas estão incluídos neste grupo. O embrião contém um par de folhas, embora não sejam folhas verdadeiras, mas contêm todos os nutrientes essenciais para as plantas em crescimento. Têm a **disposição das flores** em múltiplos de quatro ou cinco. As dicotiledóneas têm **uma venação reticulada** ou uma disposição em forma de rede nas suas folhas. Esta disposição é responsável pelo transporte de materiais como os hidratos de carbono e a água em todas as plantas. O sistema de raiz axial está presente, com um ramo grosso enterrado profundamente no solo para obter nutrientes e água para as plantas. Como estas plantas são herbáceas e lenhosas, o caule apresenta um crescimento secundário e produz madeira.

Tabela 3. Tabela de comparação: Base de comparação entre monocotiledóneas e dicotiledóneas de angiospérmicas

CRITÉRIOS	MONOCOTAS	DICOTS
Significado	As plantas cuja semente tem apenas um cotilédone são chamadas de monocotiledóneas, e a planta é chamada de monocotiledónea.	As plantas cuja semente tem dois cotilédones são designadas por dicotiledóneas e a planta é designada por dicotiledóneas.
Embrião	Contém um cotilédone.	Contém dois cotilédones.
Partes de flores	As partes da flor estão presentes em múltiplos de três.	As partes da flor estão presentes em múltiplos de quatro ou cinco.
Pólen	O tubo polínico contém um único poro ou sulco (monocolpado).	O tubo polínico tem três ou mais poros ou sulcos (tricolpado).
Folhas	A venação da folha é paralela.	A folha apresenta um tipo de venação em forma de rede ou intersecção.
	As folhas são dorsiventrais.	As folhas são isobilaterais.
	As monocotiledóneas têm estomas tanto na superfície superior como na inferior das suas folhas e são chamadas anfistomatosas.	As dicotiledóneas têm estomas apenas numa superfície das suas folhas, sendo por isso designadas por epistomáticas.
Raízes	Raízes adventícias ou fibrosas - com muitos ramos.	Radícula ou raízes axiais - com raiz longa e grossa.
Caule	Os feixes vasculares dos caules estão dispersos por toda a parte.	Os feixes vasculares nos caules estão dispostos em forma de anel.
Crescimento secundário	Ausente, ausência de câmbio.	Presente, câmbio presente.
Lenhoso/Herbáceo	As monocotiledóneas são herbáceas.	As dicotiledóneas são tanto lenhosas como herbáceas.
Exemplos	Cana-de-açúcar, bananeira, erva, narcisos, palmeira, gengibre, cereais, incluindo trigo, arroz, milho, painço.	Hortelã, alface, tomate, leguminosas que incluem feijões, lentilhas, ervilhas e amendoins.

Principais diferenças entre monocotiledóneas e dicotiledóneas

Seguem-se os caracteres substanciais para distinguir os dois tipos de angiospérmicas:

1. As monocotiledóneas podem ser definidas como as plantas cuja semente tem apenas **um cotilédone**, sendo a planta designada por monocotiledóneas, enquanto as plantas cuja semente tem dois cotilédones são designadas por dicotiledóneas, sendo a planta designada por dicotiledóneas.
2. Nas monocotiledóneas, **o embrião** tem apenas um cotilédone e o tubo polínico contém um único poro ou sulco (monocolpado), enquanto nas dicotiledóneas o embrião tem dois cotilédones e o tubo **polínico** tem três ou mais poros ou sulcos (tricolpado).

3. **As partes florais** estão presentes em múltiplos de três nas monocotiledóneas, mesmo que o crescimento secundário e o câmbio estejam ausentes, mas nas dicotiledóneas, as partes florais estão presentes em múltiplos de quatro ou cinco, mesmo que o crescimento secundário e o câmbio estejam presentes.

4. Outra caraterística distintiva são as suas raízes, que são **do tipo adventícias ou fibrosas** nas monocotiledóneas, enquanto nas dicotiledóneas são **do tipo radícula ou raiz axial**.

5. As folhas dorsiventrais das monocotiledóneas apresentam uma venação paralela e os estomas estão presentes tanto na superfície superior como na inferior (anfistomatosas). As folhas das dicotiledóneas são isobilaterais e apresentam uma venação reticulada ou em forma de rede e os estomas estão presentes numa única superfície das folhas (epistomática). Os feixes vasculares nos caules estão dispersos, nas monocotiledóneas, embora estejam dispostos em forma de anel nas dicotiledóneas.

6. As monocotiledóneas são herbáceas, o que significa que têm um caule macio e verde e não são lenhosas, ao passo que as dicotiledóneas são tanto lenhosas como herbáceas.

7. A cana-de-açúcar, a bananeira, a erva, os narcisos, a palmeira, o gengibre, os cereais, como o trigo, o arroz, o milho e o milheto, são exemplos de monocotiledóneas. A hortelã, a alface, a rosa, o tomate, as leguminosas que incluem o feijão, as lentilhas, a ervilha e o amendoim são exemplos de dicotiledóneas.

Conclusão

Nas diferenças entre monocotiledóneas e dicotiledóneas acima referidas, ficámos a conhecer as várias caraterísticas distintivas das duas subpartes das angiospérmicas, que são as monocotiledóneas e as dicotiledóneas. Estes estudos serão úteis para conhecer melhor as plantas e as suas variedades.

CAPÍTULO 4

4. ESTRUTURAS VEGETATIVAS DAS PLANTAS COM FLORES

4.1. Morfologia e anatomia vegetal

A descrição das diversas formas de vida na Terra era feita apenas por observação - a olho nu ou, mais tarde, através de lentes de aumento e microscópios. Esta descrição refere-se principalmente às caraterísticas estruturais grosseiras, tanto externas como internas. Além disso, os fenómenos vivos observáveis e perceptíveis eram também registados como parte desta descrição. Antes de a biologia experimental ou, mais especificamente, a fisiologia, ter sido estabelecida como uma parte da biologia, os naturalistas descreviam apenas a biologia. Assim, a biologia permaneceu durante muito tempo como uma história natural. A descrição, por si só, era espantosa em termos de pormenor. Embora a reação inicial de um estudante possa ser de aborrecimento, não se deve esquecer que a descrição pormenorizada foi utilizada na biologia reducionista posterior, em que os processos vivos atraíam mais a atenção dos cientistas do que a descrição das formas de vida e da sua estrutura. Assim, esta descrição tornou-se significativa e útil para enquadrar questões de investigação em fisiologia ou biologia evolutiva.

4.2. Morfologia das plantas com flor

A grande variedade da estrutura das plantas superiores nunca deixará de nos fascinar. Embora as angiospérmicas apresentem uma grande diversidade na sua estrutura externa ou **morfologia**, todas elas se caracterizam pela presença de raízes, caules, folhas, flores e frutos. Entre as abordagens para a classificação das plantas está a baseada em caraterísticas morfológicas e outras. Para qualquer tentativa bem sucedida de classificação e de compreensão de qualquer planta superior (ou, aliás, de qualquer organismo vivo), precisamos de conhecer termos técnicos e definições padrão. Também precisamos de conhecer as possíveis variações em diferentes partes, encontradas como adaptações das plantas ao seu ambiente, por exemplo, adaptações a vários habitats, para proteção, escalada, armazenamento, etc. Se arrancares uma erva daninha, verás que todas elas têm raízes, caules e folhas. Podem ter flores e frutos. A parte subterrânea da planta com flor é o sistema radicular, enquanto a parte acima do solo forma o sistema de rebentos (figura 54).

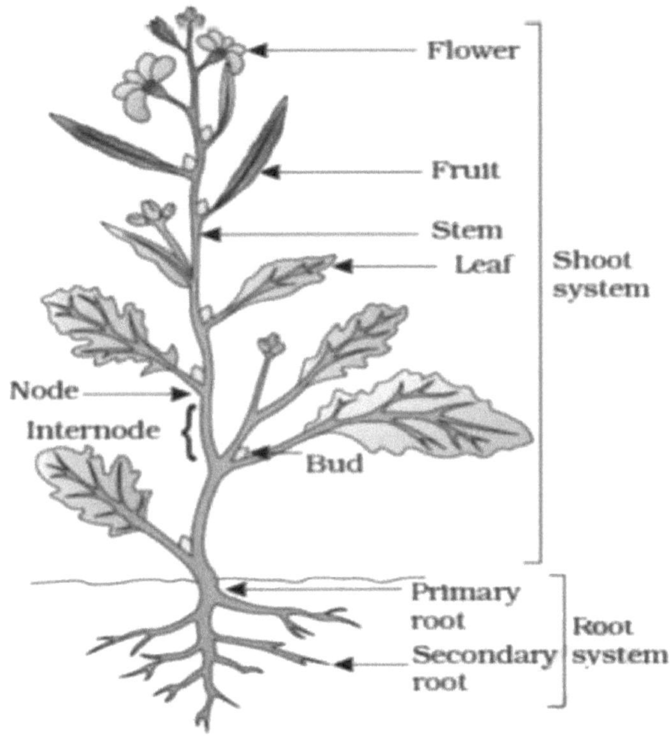

Figura 54. Partes de uma planta com flor

A raiz

Na maioria das plantas dicotiledóneas, o alongamento direto da radícula leva à formação de uma **raiz primária** que cresce no interior do solo. A raiz **primária** é o sistema radicular da planta, que tem raízes laterais de várias ordens, designadas por **raízes secundárias, terciárias,** etc. As raízes primárias e os seus ramos constituem o **sistema radicular axial**, como se vê na planta da mostarda (Figura 55 a). Nas plantas monocotiledóneas, a raiz primária tem uma vida curta e é substituída por um grande número de raízes. Estas raízes têm origem na base do caule e constituem o **sistema radicular fibroso**, como se vê na planta do trigo (Figura 55 b). Nalgumas plantas, como as gramíneas, *a Monstera* e a figueira-da-índia, as raízes nascem de outras partes da planta que não a radícula e são chamadas **raízes adventícias** (Figura 55 c). As principais funções do sistema radicular são a absorção de água e de minerais do solo, o fornecimento de uma ancoragem adequada às partes da planta, o armazenamento de material alimentar de reserva e a síntese do crescimento da planta
reguladores.

Figura 55. Diferentes tipos de raízes: (a) Tap (b) Fibrosa (C) Adventícia

Regiões da raiz

A raiz é coberta no seu ápice por uma estrutura semelhante a um dedal, denominada **tampa da raiz** (Figura 56). Esta estrutura protege o ápice tenro da raiz enquanto esta percorre o seu caminho através do solo. Alguns milímetros acima da capa radicular encontra-se a **região de atividade meristemática**. As células desta região são muito pequenas, de paredes finas e com protoplasma denso. Elas dividem-se repetidamente. As células proximais a esta região sofrem um rápido alongamento e alargamento e são responsáveis pelo crescimento da raiz em comprimento. Esta região é denominada **região de alongamento**. As células da zona de alongamento diferenciam-se gradualmente e amadurecem. Por isso, esta zona, próxima da região de alongamento, é designada **por região de maturação**. A partir desta região, algumas das células epidérmicas formam estruturas muito finas e delicadas, semelhantes a fios, denominadas **pêlos radiculares**. Estes pêlos radiculares absorvem a água e os minerais do solo.

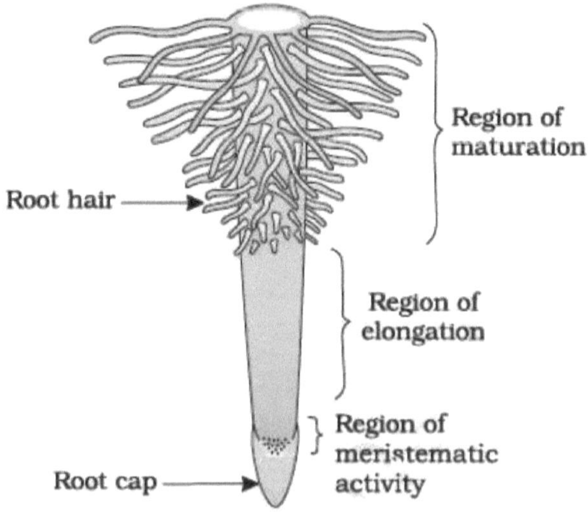

Figura 56. As regiões da ponta da raiz

As raízes fixam as plantas no solo, armazenam frequentemente hidratos de carbono e servem como principais órgãos de absorção de água e nutrientes. As raízes primárias são as derivadas da raiz primária de uma plântula. Estas incluem um **sistema radicular fibroso** em que os ramos têm aproximadamente o mesmo tamanho, e um **sistema de raiz axial** em que a raiz central é maior do que os ramos. Quando estruturas que absorvem água surgem de um caule, formam um **sistema radicular adventício**. A maioria das monocotiledóneas e das plantas vasculares sem sementes (fetos e seus aliados) e algumas dicotiledóneas têm um sistema radicular adventício fibroso. Muitas dicotiledóneas e a maior parte das gimnospérmicas têm um sistema radicular fibroso ou uma raiz axial.

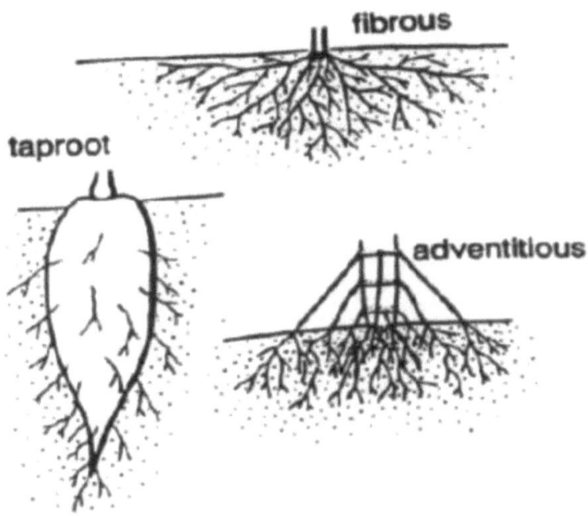

Figura 57. Tipos de raízes

Modificação da raiz: As raízes de algumas plantas mudam a sua forma e estrutura e tornam-se modificadas para desempenhar outras funções para além da absorção e condução de água e minerais. São modificadas para suporte, armazenamento de alimentos e respiração. As raízes axiais da cenoura, do nabo e as raízes adventícias da batata-doce incham e armazenam alimentos. Podes dar mais alguns exemplos? Já alguma vez te perguntaste o que são aquelas estruturas suspensas que sustentam uma figueira-de-bengala? São as chamadas raízes **propulsoras**. Do mesmo modo, os caules do milho e da cana de açúcar têm raízes de suporte que saem dos nós inferiores do caule. São as chamadas raízes **de estacas**. Nalgumas plantas, como a *Rhizophora*, que crescem em zonas pantanosas, muitas raízes saem do solo e crescem verticalmente para cima. Estas raízes, chamadas **pneumatóforos**, ajudam a obter oxigénio para a respiração.

Figura 58. Modificações da raiz para suporte: Árvore de Banyan

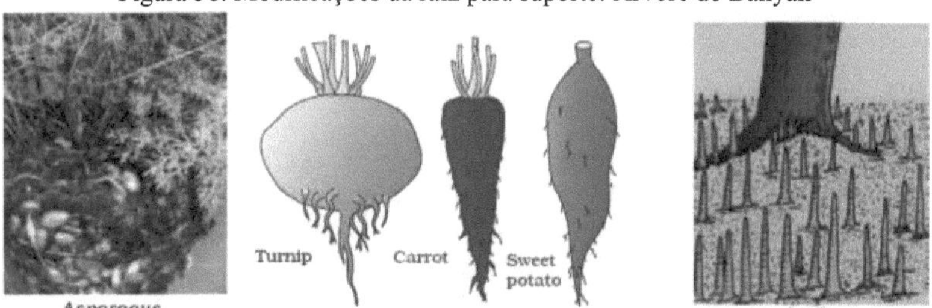

Figura 59. Modificação da raiz para: (a) armazenamento (b) respiração: pneumatóforo em Rhizophora

O caule

Quais são as caraterísticas que distinguem um caule de uma raiz? O caule é a parte ascendente do eixo que dá origem a ramos, folhas, flores e frutos. Desenvolve-se a partir da plúmula do embrião de uma semente em germinação. O caule apresenta **nós** e **entrenós**. As regiões do caule onde nascem as folhas são chamadas de nós, enquanto os entrenós são as porções entre dois nós. O caule apresenta gemas, que podem ser terminais ou axilares. O caule é geralmente verde quando jovem e mais tarde torna-se frequentemente lenhoso e castanho escuro. A principal função do caule é a de espalhar ramos que produzem folhas, flores e frutos. Conduz água, minerais e fotossintatos. Alguns caules desempenham a função de armazenamento de alimentos, de suporte, de proteção e de propagação vegetativa.

A estrutura do caule de uma planta é geralmente responsável pelo seu modo geral de crescimento ou hábito, que pode ser descrito como herbáceo, arbustivo ou arborescente. As plantas herbáceas podem viver apenas um ano (**anuais**) ou persistir durante dois (**bienais**) ou mais anos (**perenes**). A condição anual é aquela que permite a uma planta completar o seu ciclo de vida numa estação de crescimento, evitando assim condições ambientais extremas, particularmente temperaturas elevadas e baixa pluviosidade. As plantas **sufrutescentes** são plantas herbáceas perenes com partes herbáceas acima do solo que morrem anualmente para uma base lenhosa. Existem outras plantas herbáceas perenes com caules persistentes acima do solo. Uma planta **arbustiva** é lenhosa, consideravelmente ramificada e geralmente tem menos de dez metros de altura, e uma planta **arborescente** é uma planta semelhante a uma árvore.
Usando os seguintes termos e ilustrações, identifica os tipos de caule das plantas que vês no campus. Note que o termo "porta-enxerto" tem sido frequentemente utilizado para incluir um rizoma ou um caudex. Um caudex é um caule curto, lenhoso e persistente que se encontra à superfície do solo ou logo abaixo; a sua anatomia funde o caule com o tecido radicular e é muitas vezes difícil de definir com precisão. Os caules subterrâneos devem obviamente ser desenterrados antes de poderem ser identificados. Certifique-se de que sabe interpretar e reconhecer os seguintes tipos e condições de caules, uma vez que estes têm frequentemente um grande valor de diagnóstico e são utilizados na identificação de plantas.

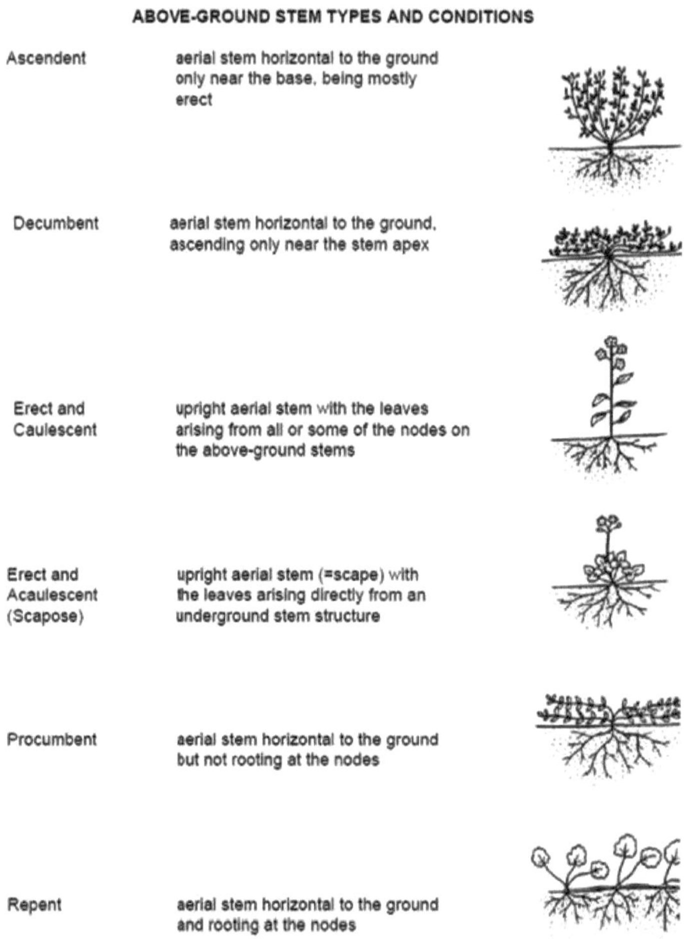

Figura 60. Tipos de caule e condições (caules acima do solo)

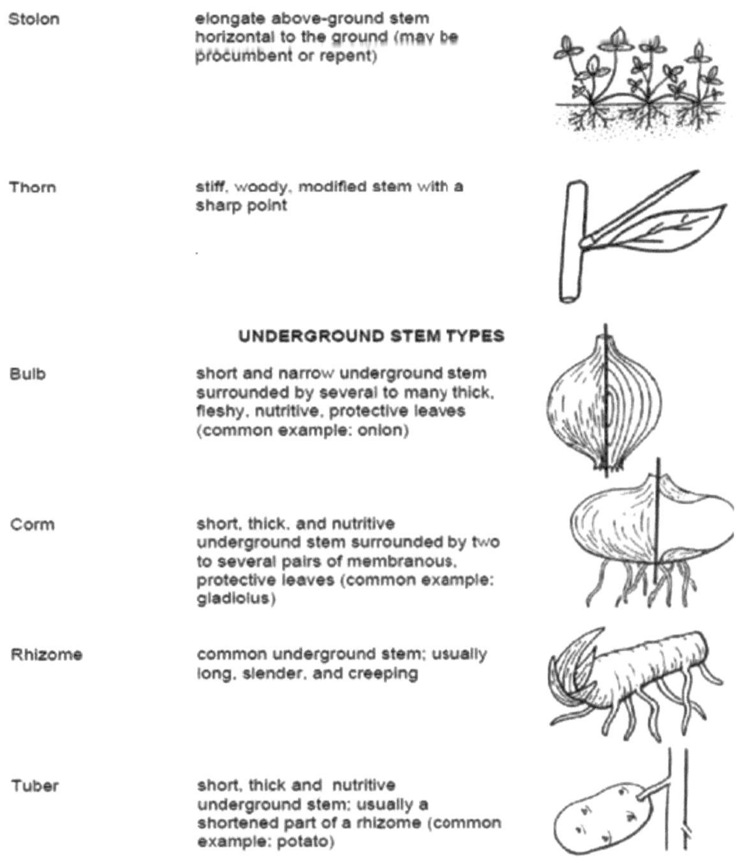

Figura 61. Tipos de caule e condições (caules subterrâneos)

Modificações do caule: O caule pode nem sempre ser tipicamente como o que se espera que seja. São modificados para desempenharem diferentes funções. Os caules subterrâneos da batata, do gengibre, do açafrão-da-terra, da *Zaminkand e* da *Colocasia* são modificados para armazenar alimentos. Também actuam como órgãos de perenização para fazer face a condições desfavoráveis ao crescimento. **As gavinhas** do caule, que se desenvolvem a partir de gemas axilares, são delgadas e enroladas em espiral e ajudam as plantas a trepar, como nas cabaças (pepino, abóboras, melancia) e nas videiras. Os gomos axilares dos caules podem também modificar-se em **espinhos** lenhosos, rectos e pontiagudos. Os espinhos encontram-se em muitas plantas, como os *citrinos* e *as buganvílias*. Protegem as plantas dos animais que as pastam. Algumas plantas das regiões áridas transformam os seus caules em estruturas achatadas (*Opuntia*) ou cilíndricas carnudas *(Euphorbia)*. Estes caules contêm clorofila e realizam a fotossíntese. Os caules subterrâneos de algumas plantas, como a erva e o morango, etc., espalham-se para novos nichos e, quando as partes mais velhas morrem, formam-se novas plantas. Em plantas como a hortelã e o jasmim, um ramo lateral esguio surge da base do eixo principal e, depois de crescer no ar durante algum tempo, arqueia-se para baixo até tocar no solo.

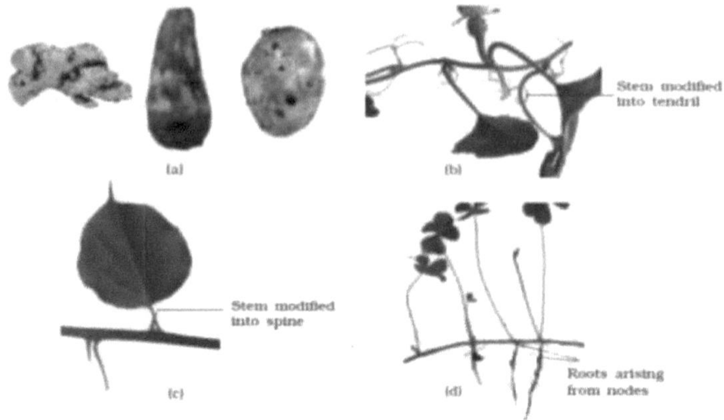

Figura 62. Modificações do caule

NB: para: (a) armazenamento, b) suporte, c) proteção, d) propagação e propagação vegetativa

Um ramo lateral com entrenós curtos e cada nó com uma roseta de folhas e um tufo de raízes é encontrado em plantas aquáticas como *Pistia* e *Eichhornia.* Na bananeira, no ananás e no *crisântemo*, os ramos laterais têm origem na porção basal e subterrânea do caule principal, crescem horizontalmente sob o solo e depois saem obliquamente para cima, dando origem a rebentos folhosos.

A folha

A folha é uma estrutura lateral, geralmente achatada, que se apoia no caule. Desenvolve-se no nó e tem um botão na sua axila. O **botão axilar** desenvolve-se mais tarde num ramo. As folhas têm origem nos meristemas apicais dos rebentos e estão dispostas numa ordem acro-petal. São os órgãos vegetativos mais importantes para a fotossíntese. Uma folha típica é constituída por três partes principais: base da folha, pecíolo e lâmina. A folha está ligada ao caule pela **base da folha** e pode ter duas pequenas folhas laterais, como estruturas chamadas estípulas. Nas monocotiledóneas, a base da folha expande-se, formando uma bainha que cobre parcial ou totalmente o caule. Em algumas leguminosas, a base da folha pode ficar inchada, o que se designa por **pulvino**. O **pecíolo** ajuda a manter a lâmina à luz. Os pecíolos longos, finos e flexíveis permitem que as lâminas das folhas se agitem com o vento, arrefecendo assim a folha e trazendo ar fresco para a sua superfície. A **lâmina foliar** é a parte verde expandida da folha com nervuras e veios. Geralmente, existe uma nervura proeminente no meio, conhecida como nervura central. As nervuras conferem rigidez à lâmina foliar e actuam como canais de transporte de água, minerais e materiais alimentares. A forma, a margem, o ápice, a superfície e a extensão da incisão da lâmina variam consoante a folha.

Venação das folhas

A disposição das nervuras e dos veios na lâmina da folha é designada **por venação**. Quando os veios formam uma rede, a venação é designada **por reticulada**. Quando as nervuras correm paralelamente umas às outras no interior de uma lâmina, a venação é designada **por paralela**. As folhas das plantas dicotiledóneas possuem geralmente uma venação reticulada, enquanto a venação paralela é a caraterística da maioria das monocotiledóneas

Figura 63. Estrutura de uma folha

NB: a) partes de uma folha, b) venação reticulada, c) venação paralela

Tipos de folhas

Diz-se que uma folha é **simples** quando a sua lâmina é inteira ou, quando incisa, as incisões não tocam na nervura mediana. Quando as incisões da lâmina chegam até à nervura mediana, dividindo-a em vários folíolos, a folha é designada por **composta**. Tanto nas folhas simples como nas compostas, existe um botão na axila do pecíolo, mas não na axila dos folíolos da folha composta. As folhas compostas podem ser de dois tipos. Numa **folha composta pinada,** estão presentes vários folíolos num eixo comum, a **ráquis**, que representa a nervura central da folha, como no neem. Nas **folhas compostas palmadas,** os folíolos estão ligados num ponto comum, ou seja, na ponta do pecíolo, como no algodão de seda.

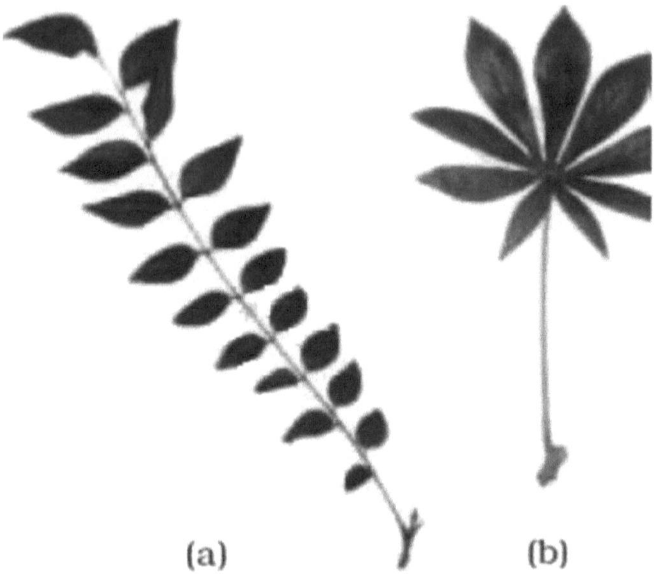

Figura 64. Licença composta

NB: a) folha composta pinada, b) folha composta palmada

Filotaxia

A filotaxia é o padrão de disposição das folhas no caule ou no ramo. Este padrão é geralmente de três tipos - alternado, oposto e espiralado. No tipo **alternado** de filotaxia, uma única folha surge em cada nó de forma alternada, como nas plantas da rosa da China, da mostarda e da flor do sol. No tipo oposto, um par de folhas nasce em cada nó e fica oposto um ao outro, como nas plantas *Calotropis* e goiaba. Se mais de duas folhas surgirem num nó e formarem um verticilo, chama-se **verticilo,** como em *Alstonia.*

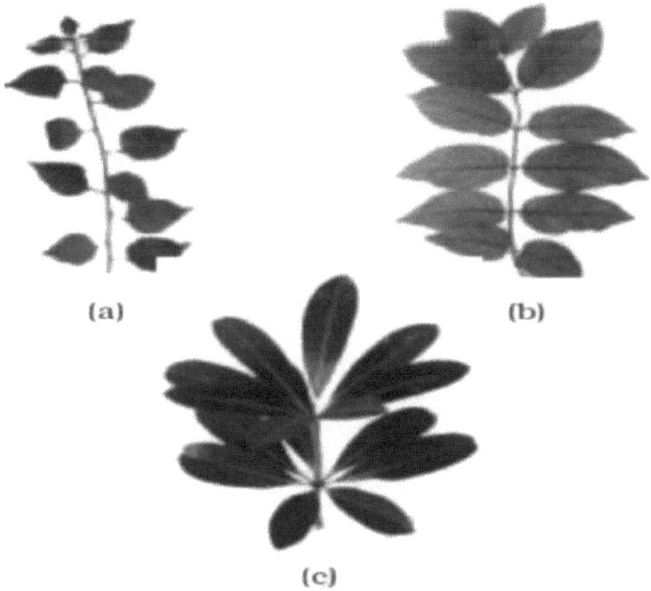

Figura 65. Diferentes tipos de filotaxia

NB: a) alternados, b) opostos, c) espiralados

Modificações das folhas: As folhas são frequentemente modificadas para desempenharem outras funções para além da fotossíntese. São convertidas em **gavinhas** para trepar, como nas ervilhas, ou em **espinhos** para defesa, como nos cactos. As folhas carnudas da cebola e do alho armazenam alimentos. Nalgumas plantas, como a acácia australiana, as folhas são pequenas e de curta duração. Os pecíolos destas plantas expandem-se, tornam-se verdes e sintetizam alimentos. As folhas de certas plantas insectívoras, como a planta-jarro e a armadilha da mosca-de-vénus, são também folhas modificadas.

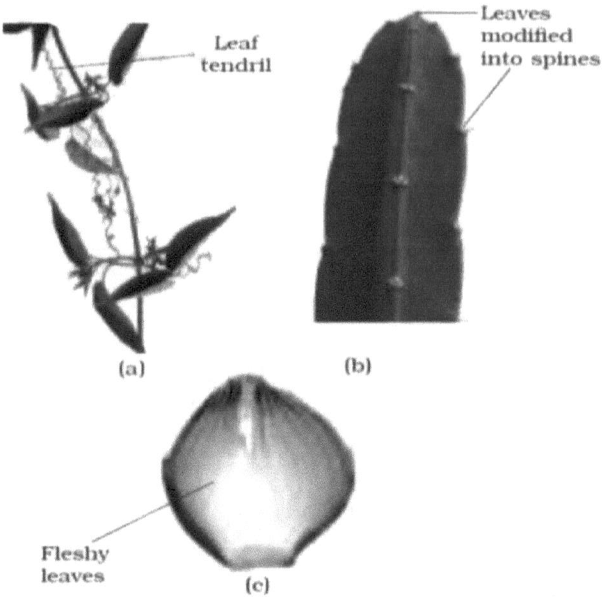

Figura 66. Modificação da folha para

NB: a) suporte: gavinha, b) proteção: espinhos, c) armazenamento: folhas carnudas

4.2.1. **A estrutura e a função da folha**

A principal função das folhas é captar a luz solar para produzir reservas alimentares. Este processo é designado por fotossíntese. A fotossíntese ocorre em células especializadas que se encontram nas folhas ou nos caules modificados, como os cladófilos. Durante a fotossíntese, a água e o dióxido de carbono combinam-se quimicamente na presença da luz solar para produzir açúcares vegetais, oxigénio e água. Muitas das estruturas externas das folhas são concebidas para ajudar a planta a fotossintetizar, de modo a poder fabricar reservas de açúcar para alimentação. Para além de captarem a luz solar para a fotossíntese, as folhas são também importantes no processo de trocas gasosas. A fotossíntese necessita de dióxido de carbono e produz oxigénio. Para manter o fornecimento de dióxido de carbono, a planta abre pequenos poros chamados estomas, localizados na parte inferior das folhas. Os estomas abertos permitem a entrada de dióxido de carbono na folha. O oxigénio produzido pela fotossíntese também escapa através dos estomas abertos. Ao mesmo tempo, pequenas gotas de vapor de água escapam do ambiente húmido no interior da folha para o ar seco à volta da planta. Este processo de evaporação da água da superfície da planta é designado por transpiração.

Durante um dia de 12 horas, uma árvore grande pode transpirar até 180 galões de água. A transpiração é importante porque retira continuamente mais água das raízes, através dos caules e até às folhas. A água retirada do solo pelas raízes contém nutrientes que ajudam a planta a crescer. Muitas plantas têm folhas modificadas que funcionam como órgãos de armazenamento. As folhas modificadas também protegem os botões e as flores e ajudam uma espécie de planta a adaptar-se a um ambiente adverso. A maioria das plantas tem folhas planas com grandes áreas dispostas de forma a absorver eficazmente a energia solar para a produção de alimentos. No entanto, as folhas em forma de agulha (como as encontradas nas coníferas) e as folhas carnudas em forma de caule (como as encontradas nos cactos) também têm áreas de superfície suficientes para produzir alimentos vegetais em abundância. As lâminas das folhas das plantas dicotiledóneas ligam-se ao caule por um pecíolo. As folhas das plantas de folha caduca separam-se e caem do caule sazonalmente. As folhas das plantas de folha persistente não se separam sazonalmente. Em vez disso, as plantas de folha persistente perdem as suas folhas durante um período de três ou quatro anos.

4.2.2. Estruturas morfológicas e anatómicas de uma folha

A parte plana de uma folha é a lâmina foliar, ou lâmina. O pecíolo liga a lâmina ao caule da planta. Nalgumas plantas, existem pequenos apêndices semelhantes a folhas na base do pecíolo. Estas estípulas servem como estruturas de fabrico de alimentos. Existe um botão axilar no caule logo acima do ponto onde o pecíolo da folha se liga ao caule.

As folhas são classificadas como simples ou compostas. As folhas simples são constituídas por uma única lâmina foliar. As folhas compostas têm várias folhas secundárias, ou folíolos. Estes folíolos têm um pequeno pedúnculo (pecíolo) que se liga à ráquis. A ráquis é uma extensão do pecíolo numa folha composta. A lâmina foliar contém nervuras e tecidos moles. A nervura mediana é a nervura central mais proeminente de uma folha. As nervuras laterais são nervuras secundárias que se ramificam a partir da nervura central. Tanto a nervura mediana como as nervuras laterais contêm tecido vascular. A disposição das nervuras numa folha varia entre as plantas. Nas plantas dicotiledóneas, as nervuras ramificam-se várias vezes e são designadas por nervuras em rede.

Estrutura de uma planta decídua

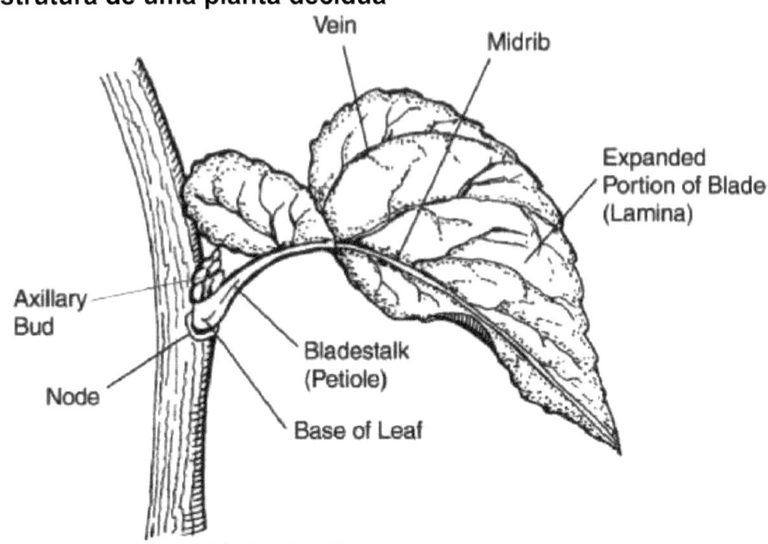

Figura 67. Estrutura morfológica da folha

As nervuras das folhas das plantas monocotiledóneas são geralmente paralelas umas às outras. Uma folha é constituída por várias camadas de células. A cutícula é uma película fina que cobre a epiderme. A cutícula protege a folha de temperaturas excessivas e da perda de água que poderia danificar a folha. A epiderme superior e a epiderme inferior são as camadas superficiais das células de uma folha. Estas camadas de células também protegem as camadas de células interiores da folha. As camadas epidérmicas de uma folha contêm células de guarda que regulam a abertura e o fecho dos estomas. Os estomas são pequenos poros, ou aberturas, nas superfícies das folhas através dos quais se dá a troca de água, oxigénio e dióxido de carbono. As camadas mais internas de uma folha constituem o mesofilo. O mesofilo é constituído por células do parênquima paliçádico e células do parênquima esponjoso. As células do parênquima paliçádico são células alongadas ricas em clorofila e outros plastídeos coloridos. A sua disposição é em camadas verticais. As células do parênquima paliçádico são especializadas para a fotossíntese.

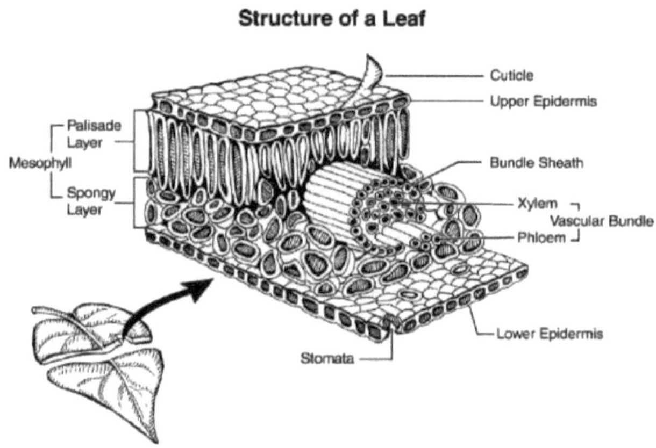

Figura 68. Estrutura anatómica da folha

As células do parênquima esponjoso constituem a camada entre as células da paliçada e a epiderme inferior. Esta camada é especializada nas trocas gasosas. A camada de parênquima esponjoso contém cloroplastos, espaços aéreos (câmaras sub-estomáticas) e feixes vasculares. Os feixes vasculares são as veias que conduzem as reservas de água e alimentos através da folha. Nem todas as plantas têm folhas finas, achatadas e verdes. Algumas plantas têm formas de folhas modificadas que são benéficas para a sobrevivência nos seus habitats nativos. Os zimbros têm folhas semelhantes a escamas. Os pinheiros têm folhas longas e delgadas em forma de agulha. Muitas plantas, como as poinsétias, os spathiphyllums e os dogwoods, produzem brácteas coloridas que subentendem a sua flor ou os seus cachos de flores. As catafilas são formas reduzidas de folhas modificadas em escamas de gemas. Estas escamas funcionam para proteger o botão. Algumas formas de folhas são modificadas para armazenar água. Os bolbos, como as cebolas e os lírios, têm folhas subterrâneas modificadas para armazenamento. Plantas como os aloés e os sedums têm folhas grossas e suculentas. As folhas suculentas são espessas, carnudas e modificadas para o armazenamento de água. As trepadeiras, como as uvas e os pepinos, têm gavinhas. As gavinhas são folhas delgadas, entrelaçadas e modificadas para se agarrarem a objectos para se apoiarem. Os espinhos pontiagudos dos cactos são folhas modificadas. As folhas de muitos azevinhos têm espinhos ao longo das suas margens.

4.2.3. Diversidade de folhas

As folhas são os órgãos fotossintéticos primários das plantas e nascem apenas nos nós de um caule. As folhas são geralmente constituídas por uma **lâmina** (lâmina) e um **pecíolo** (exceto quando sésseis), e podem ser **simples** ou **compostas**. Se forem compostas, as unidades individuais da folha são denominadas **folíolos**, que estão dispostos de forma pinada ou palmada. Em ambos os lados do pecíolo ou da base da folha, existem frequentemente **estípulas** subjacentes à folha; estas podem ser semelhantes a folhas ou modificadas como cerdas ou bainhas. Na axila, ou ângulo entre cada folha simples ou composta e o caule, existe um **botão axilar** que se desenvolverá num sistema de rebentos (ramo) se não for inibido por hormonas vegetais (auxinas).

A poda ou a remoção das partes terminais dos ramos dos arbustos ou das árvores é geralmente uma boa maneira de libertar a inibição hormonal dos botões axilares localizados mais abaixo nos ramos, permitindo assim o desenvolvimento de novos ramos e resultando num sistema de ramificação difuso. As folhas que persistem numa planta durante vários anos ou estações de crescimento são designadas por **perenes**, enquanto as que caem após uma estação de crescimento são **caducas**. As folhas variam em forma, margem, ápice, base e **vestimenta** (refere-se à cobertura de glândulas ou pêlos; quando a superfície é lisa, sem pêlos ou glândulas, a condição é chamada **glabra**). As folhas também variam de acordo com a sua disposição no caule (filotaxia).

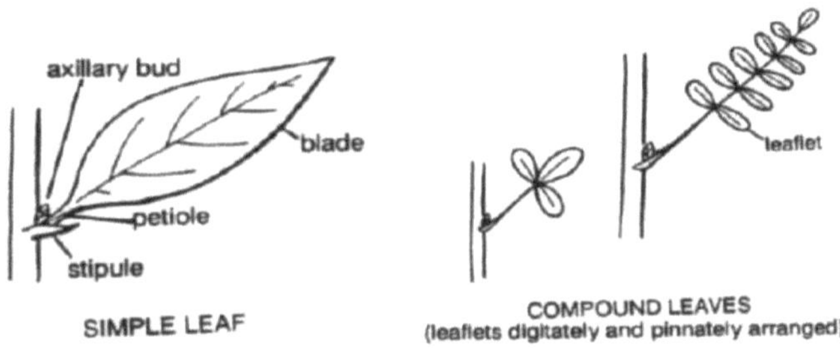

Figura 69. Folha simples e folha composta

4.2.4. Forma da folha, disposição, venação, ápice, margem, base

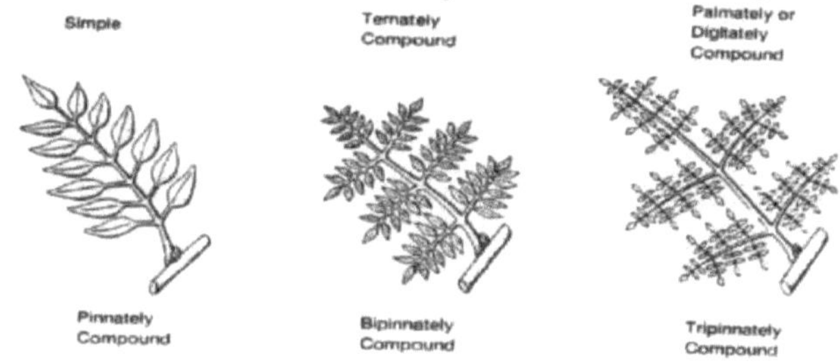

Figura 70. Tipo de folha

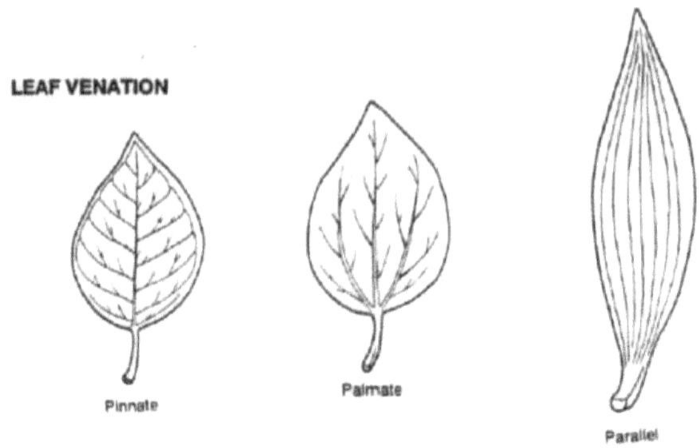

Figura 71. Venação da folha

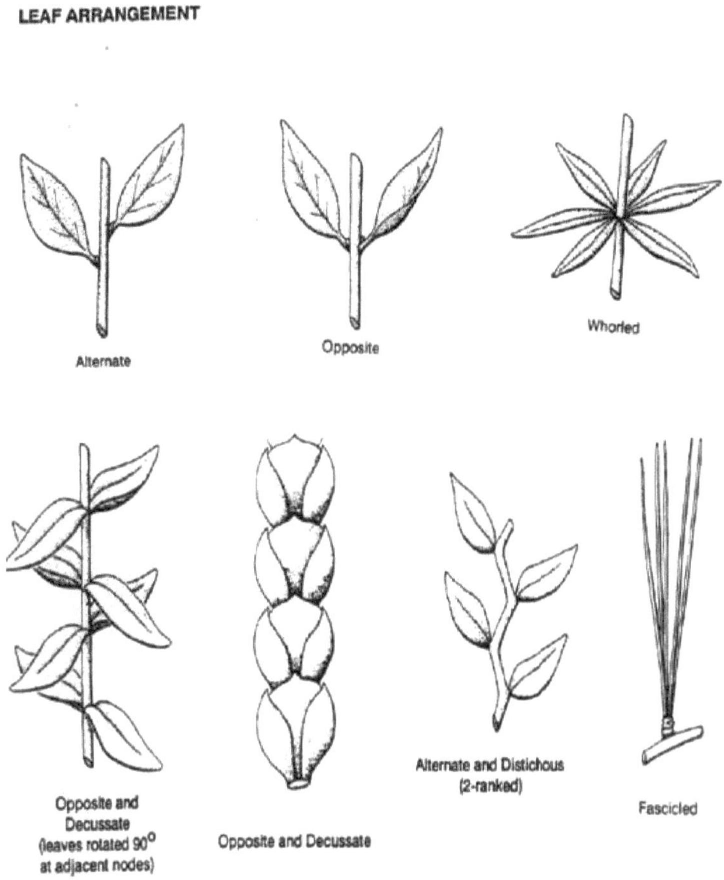

Figura 72. Filotaxia da folha (disposição da folha no caule)

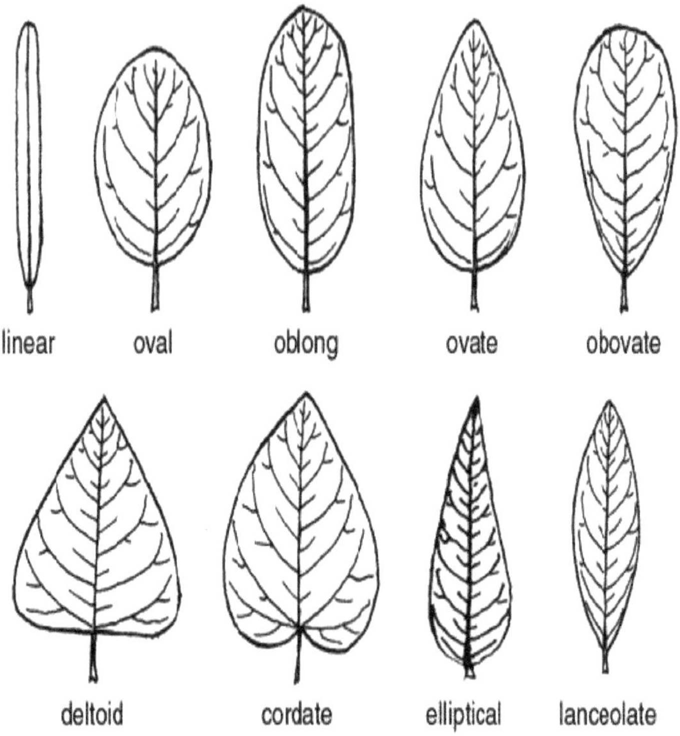

Figura 74. Ápice, base e inserção da folha

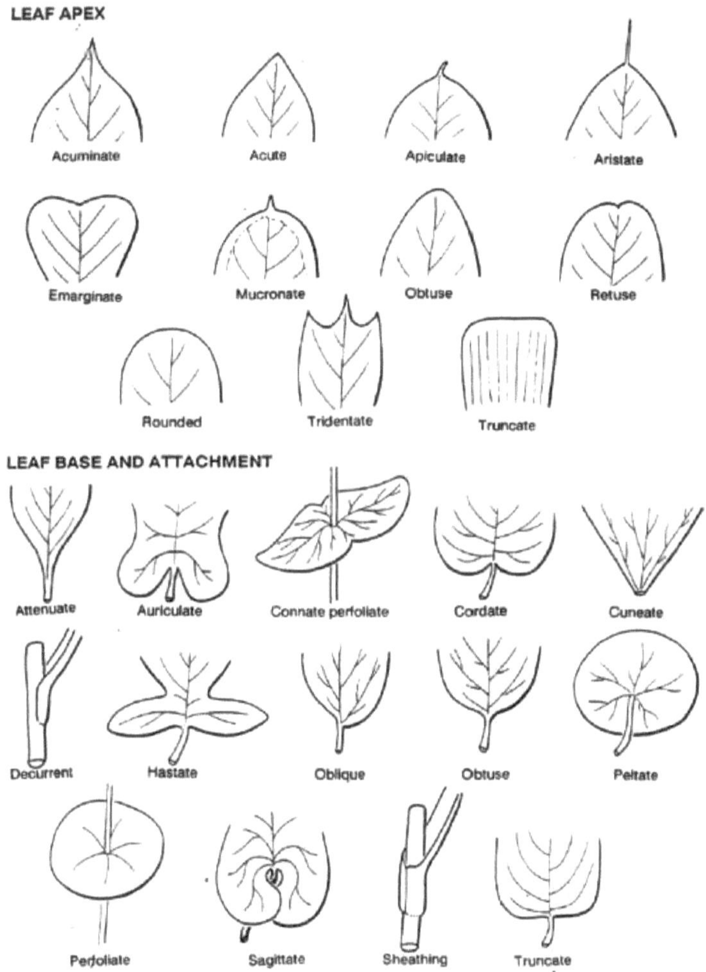

Figura 75. Margem da folha

CAPÍTULO 5

5. ESTRUTURAS DE REPRODUÇÃO

5.1. A flor

A flor é a unidade reprodutora das angiospérmicas. Destina-se à reprodução sexual. Uma flor típica tem quatro tipos diferentes de espirais dispostas sucessivamente na extremidade inchada do pedúnculo ou pedicelo, chamado **tálamo ou recetáculo**. Estes são o cálice, a corola, o androceu e o gineceu. O cálice e a corola são órgãos acessórios, enquanto o androceu e o gineceu são órgãos reprodutores. Nalgumas flores, como o lírio, o cálice e a corola não são distintos e são designados por perianto. Quando uma flor tem androceu e gineceu, é **bissexual**. Uma flor com apenas estames ou apenas carpelos é **unissexual.** As flores são as estruturas reprodutoras das angiospérmicas (plantas com flor). As estruturas reprodutivas desempenham um papel importante no ciclo de vida das plantas, uma vez que promovem a reprodução sexuada e produzem sementes e frutos que contribuem para a dispersão das espécies vegetais. As flores, como qualquer outra parte da planta, variam em estrutura, tamanho e composição. Algumas flores assemelham-se a caules, enquanto outras se assemelham a folhas. As flores desenvolvem-se a partir de botões, tal como os rebentos. Por conseguinte, são consideradas como ramos especializados de uma planta.

Partes de uma flor completa: Embora as flores difiram entre as espécies de plantas em caraterísticas como cor, tamanho, forma e cheiro, a maioria das flores tem uma estrutura semelhante. As flores completas têm quatro partes básicas: pétalas, pistilo, sépalas e estames. A flor é suportada e ligada ao caule por um caule alongado e especializado chamado pedicelo. A parte alargada do pedicelo onde se junta à flor é o recetáculo. As quatro partes básicas da flor ligam-se ao recetáculo. A primeira das quatro estruturas principais da flor são as sépalas. As sépalas são estruturas semelhantes a folhas que formam um anel exterior à volta da base da flor. As sépalas envolvem e protegem o botão floral antes da sua abertura. As sépalas são frequentemente estruturas pequenas e verdes. No entanto, nalgumas flores são grandes e coloridas. O anel completo de sépalas é chamado cálice. O anel de estruturas seguinte é a corola. A corola é constituída por pétalas individuais. As pétalas são a parte brilhante e colorida da flor. As cores e os aromas das pétalas atraem polinizadores específicos.

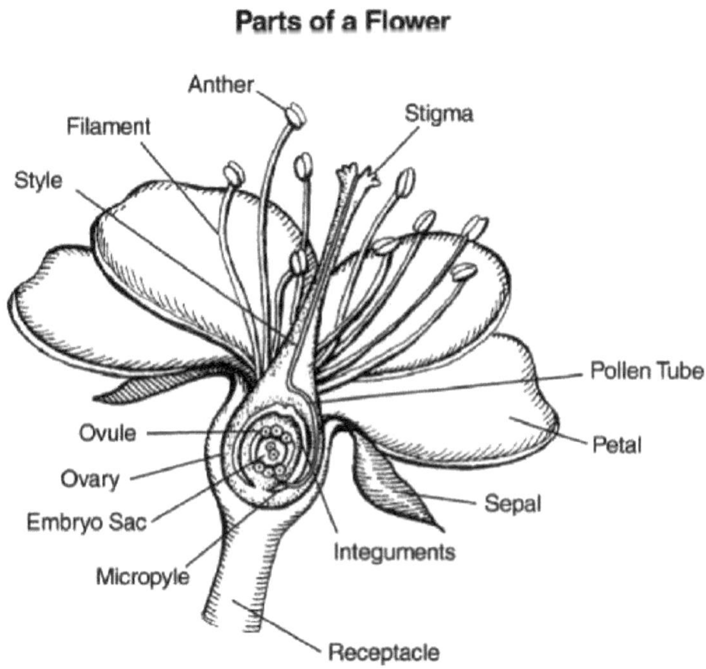

Figura 76. Partes de uma flor

As flores que dependem de aves como os beija-flores para a polinização têm geralmente pétalas vermelhas ou cor de laranja. Isto deve-se ao facto de os beija-flores conseguirem ver melhor estas cores e serem atraídos preferencialmente por estas flores. As abelhas são mais atraídas pelas flores azuis, amarelas e brancas. Assim, as flores que são principalmente polinizadas pelas abelhas utilizam estas cores para atrair os seus polinizadores. Outras flores, como o jasmim, não têm pétalas coloridas. Têm aromas poderosos para atrair polinizadores, como as traças que voam de noite. Os órgãos reprodutores encontram-se no centro da flor. Os estames são os órgãos reprodutores masculinos. O pistilo é o órgão reprodutor feminino. Um estame é composto por duas partes: uma antera e um filamento. O filamento é uma estrutura semelhante a um pedúnculo que segura a antera. O comprimento do filamento é determinado pelo modo de polinização. As flores polinizadas por pássaros, como os beija-flores, têm frequentemente filamentos muito longos, de modo que as anteras ficam penduradas acima da cabeça do pássaro quando este paira para recolher o néctar da flor. As flores que não querem que o pólen das suas anteras chegue aos seus próprios órgãos femininos têm geralmente filamentos curtos para evitar a autopolinização. Estas flores devem ser objeto de polinização cruzada por insectos que pousam na flor e transportam o pólen de outra planta. As anteras estão localizadas na ponta do filamento. São estruturas em forma de saco que contêm os grãos de pólen. Os grãos de pólen contêm a célula sexual masculina e são modificados para serem pegajosos ou facilmente transportados pelo vento, consoante o modo de polinização da planta em causa. Uma única flor tem geralmente vários estames. O pistilo está localizado no centro da flor. Uma flor pode ter muitos pistilos. No entanto, muitas flores têm apenas um. O pistilo tem três partes: estigma, estilo e ovário. O estigma é uma superfície pegajosa e achatada que se projecta para cima em direção ao polinizador. Quando um inseto ou uma ave polinizadora recolhe o néctar, o pólen das plantas anteriores que visitou é roçado contra a superfície pegajosa do estigma. O pólen adere ao estigma e é ativado para germinar como uma semente. O pólen produz uma estrutura semelhante a uma raiz, chamada tubo polínico, que cresce até ao estigma, através do estilete e até ao ovário. O estilo é uma estrutura de suporte equivalente ao filamento do estame. O estilo mantém o estigma numa posição que maximiza as hipóteses de polinização.

Na base do estilete encontra-se o ovário. O ovário é uma estrutura alargada que contém as células sexuais femininas, ou óvulos. O tubo polínico cresce através do ovário e entra num óvulo. Quando as células sexuais masculinas e femininas se fundem, ocorre a fertilização. Nesta altura, o ovário começa a desenvolver-se e a transformar-se num fruto. Nem todas as flores têm corola, cálice, pistilo e estame. As flores com todas as quatro partes básicas são flores perfeitas e completas. As que não possuem pelo menos um destes componentes são incompletas. As flores perfeitas incompletas não possuem pétalas ou sépalas. As flores pistiladas têm um pistilo mas não têm estames. As flores estaminadas têm estames mas não têm pistilos. Tanto as flores pistiladas como as estaminadas são flores incompletas imperfeitas porque não têm órgãos reprodutores. As flores estéreis não têm pistilos nem estames. Uma planta monóica é aquela que tem flores estaminadas e pistiladas na mesma planta. O milho é uma planta monóica com flores estaminadas que ocorrem no topo da planta, onde o vento pode apanhar a maior parte do pólen. As flores pistiladas ocorrem mais abaixo no caule. As flores pistiladas da planta do milho têm longas "sedas" que são estigmas e estilos pegajosos estendidos para apanhar o pólen transportado pelo vento. As plantas dióicas têm flores masculinas e femininas em plantas completamente separadas. As flores estaminadas ocorrem apenas nas plantas masculinas, enquanto as flores pistiladas ocorrem apenas nas plantas femininas. O kiwi, os espargos, o azevinho e *o Ginkgo* são exemplos de plantas dióicas.

5.2. A inflorescência

Uma flor é um rebento modificado em que o meristema apical do rebento muda para meristema floral. Os entrenós não se alongam e o eixo fica condensado. O ápice produz diferentes tipos de apêndices florais lateralmente em nós sucessivos em vez de folhas. Quando uma ponta de rebento se transforma numa flor, esta é sempre solitária. A disposição das flores no eixo floral é designada por **inflorescência**. Dependendo do facto de o ápice se transformar numa flor ou continuar a crescer, definem-se dois tipos principais de inflorescências - racemosa e cimosa. Nas inflorescências do tipo **racemoso** o eixo principal continua a crescer, as flores nascem lateralmente numa sucessão acropetal. Nas inflorescências do tipo **cimoso**, o eixo principal termina numa flor, pelo que o seu crescimento é limitado. As flores nascem numa ordem basipétala.

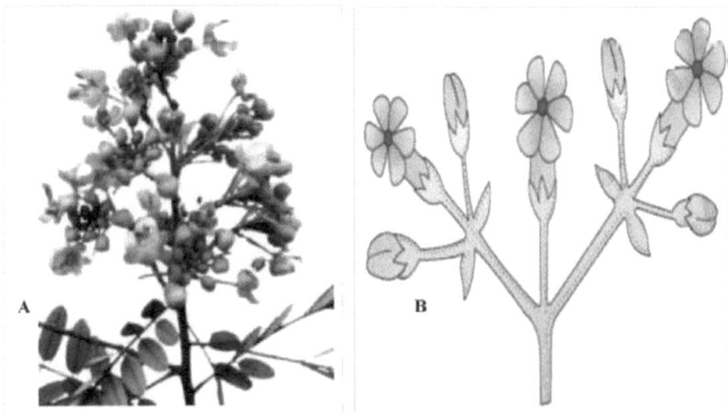

Figura 77. Tipos de inflorescência: a/ Racemosa, b/ Cimosa

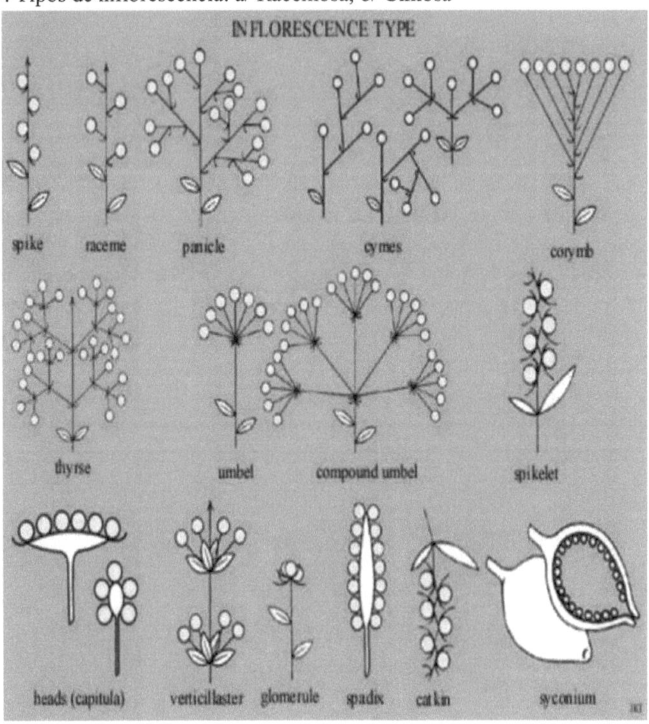

Figura 78. Tipos de Inflorescência

Quanto à simetria, a flor pode ser **actinomorfa** (simetria radial) ou **zigomorfa** (simetria bilateral). Quando uma flor pode ser dividida em duas metades radiais iguais em qualquer plano radial que passe pelo centro, diz-se que é **actinomórfica, por exemplo**, mostarda, *datura*, malagueta. Quando pode ser dividida em duas metades semelhantes apenas num determinado plano vertical, é **zigomórfica, por** exemplo, ervilha, gulmohur, feijão, *Cassia*. Uma flor é **assimétrica** (irregular) se não puder ser dividida em duas metades semelhantes por qualquer plano vertical que passe pelo centro, como no canário. Uma flor pode ser **trímera, tetrâmera** ou **pentâmera** quando os apêndices florais são múltiplos de 3, 4 ou 5, respetivamente. As flores com brácteas - folhas reduzidas que se encontram na base do pedicelo - são chamadas **bracteadas** e as que não têm brácteas, **ebracteadas**.

Figura 79. Simetria floral

Com base na posição do cálice, da corola e do androceu em relação ao ovário no tálamo, as flores são descritas como hipogínicas, periginicas e epigínicas. Na flor **hipógina**, o gineceu ocupa a posição mais elevada, enquanto as outras partes se situam abaixo dele. Nestas flores, diz-se que o ovário é **superior, como é o caso** da mostarda, da rosa da China e do brinjal. Se o gineceu estiver situado no centro e as outras partes da flor estiverem situadas na borda do tálamo, quase ao mesmo nível, chama-se **periginosa.** O ovário é considerado **meio inferior, por exemplo**: ameixa, rosa, pêssego. Nas **flores epígeas,** a margem do tálamo cresce para cima, envolvendo completamente o ovário e fundindo-se com ele, as outras partes da flor surgem acima do ovário. Por isso, diz-se que o ovário é **inferior**, como nas flores da goiabeira e do pepino, e nos raios florais do girassol.

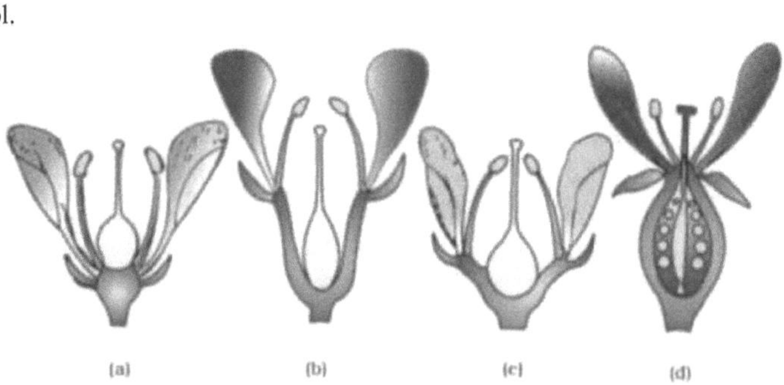

Figura 80. Posição das partes florais no tálamo

NB: a) Hipoginoso b) e c) Periginoso d) Epiginoso

5.3. Partes de uma flor

Cada flor tem normalmente quatro espirais florais, a saber, cálice, corola, androceu e gineceu.

5.3.1. Cálice

O cálice é o verticilo mais exterior da flor e os seus membros são chamados sépalas. Geralmente, as sépalas são verdes, semelhantes a folhas e protegem a flor na fase de botão. O cálice pode ser **gamossépalo** (sépalas unidas) ou **polissépalo**.

5.3.2. Corolla

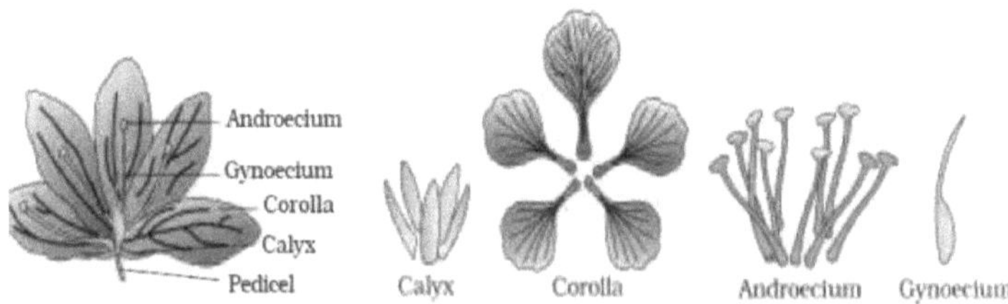

Figura 81. Partes de uma flor

A corola é composta por pétalas. As pétalas são geralmente de cores vivas para atrair os insectos para a polinização. Tal como o cálice, a corola também pode ser **gamopétala** (pétalas unidas) ou **polipétala** (pétalas livres). A forma e a cor da corola variam muito consoante as plantas. A corola pode ser tubular, em forma de sino, em forma de funil ou em forma de roda.

Estivação: O modo de disposição das sépalas ou pétalas no botão floral em relação aos outros membros do mesmo verticilo é conhecido como estivação. Os principais tipos de estivação são: valvulada, torcida; imbricada e vexilar. Quando as sépalas ou pétalas de um verticilo apenas se tocam na margem, sem se sobreporem, como em *Calotropis*, diz-se que é **valvulado.** Se uma margem do apêndice se sobrepõe à margem do apêndice seguinte e assim sucessivamente, como na rosa da China, no dedo de moça e no algodão, diz-se que é **torcido**. Se as margens das sépalas ou das pétalas se sobrepõem umas às outras, mas não em qualquer direção particular, como em *Cassia* e Gilmour, a estivação é chamada **imbricada**. Nas flores da ervilha e do feijão, há cinco pétalas, a maior (estandarte) sobrepondo-se às duas pétalas laterais (asas) que, por sua vez, se sobrepõem às duas pétalas anteriores mais pequenas (quilha); este tipo de estivação é designado por **vexilar** ou papilionácea.

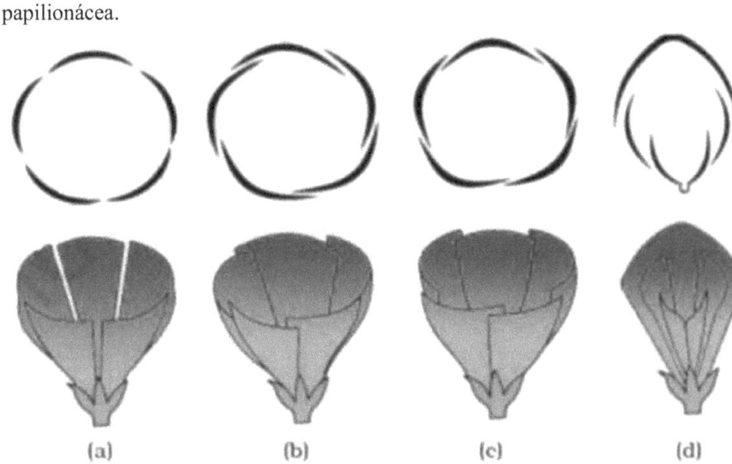

Figura 82. Tipos de estivação na corola

NB: a) Valvulado b) Torcido c) Imbricado d) Vexilar

5.3.3. Androecium

O androceu é composto por estames. Cada estame, que representa o órgão reprodutor masculino, é constituído por um pedúnculo ou filamento e uma antera. Cada antera é geralmente bilobada e cada lóbulo tem duas câmaras, os sacos polínicos. Os grãos de pólen são produzidos nos sacos polínicos. Um estame estéril é designado por **estaminódio**. Os estames da flor podem estar unidos a outros membros, como as pétalas, ou entre si. Quando os estames estão unidos às pétalas, são **epipétalos**, como na brinjal, ou **epífilos**, quando unidos ao perianto, como nas flores do lírio. Os estames de uma flor podem permanecer livres (poliândricos) ou podem estar unidos em diferentes graus. Os estames podem estar unidos num cacho ou num feixe **(monoadelfos)**, como na rosa da China, ou em dois feixes **(diadelfos)**, como na ervilha, ou em mais de dois feixes **(poliadelfos)**, como nos citrinos. Pode haver uma variação no comprimento dos filamentos dentro de uma flor, como na *sálvia* e na mostarda.

5.3.4. Gineceu

O gineceu é a parte reprodutora feminina da flor e é constituído por um ou mais carpelos. Um carpelo é composto por três partes: o estigma, o estilo e o ovário. **O ovário** é a parte basal alargada, sobre a qual se encontra o tubo alongado, o estilete. O estilo liga o ovário ao estigma. O **estigma** encontra-se geralmente na ponta do **estilo** e é a superfície de receção dos grãos de pólen. Cada ovário contém um ou mais óvulos ligados a uma **placenta** achatada, semelhante a uma almofada. Quando existe mais do que um carpelo, estes podem estar livres (como no lótus e na rosa) e são designados por **apocarpos**. Quando os carpelos estão fundidos, como na mostarda e no tomate, são denominados **sincarpos**. Após a fertilização, os óvulos desenvolvem-se em sementes e o ovário amadurece num fruto.

Placentação: A disposição dos óvulos dentro do ovário é conhecida como placentação. As placentações são de diferentes tipos, nomeadamente, marginal, axilar, parietal, basal, central e central livre. Na placentação marginal, a placenta forma uma crista ao longo da sutura ventral do ovário e os óvulos nascem nesta crista formando duas filas, como na ervilha. Quando a placenta é axial e os óvulos estão ligados a ela num ovário multilocular, diz-se que a placenta **é axilar**, como na rosa da China, no tomate e no limão. Na placentação **parietal**, os óvulos desenvolvem-se na parede interna do ovário ou na parte periférica. O ovário é unicameral, mas torna-se bicameral devido à formação de um falso septo, por exemplo, na mostarda e na *Argemona*. Quando os óvulos nascem no eixo central e os septos estão ausentes, como em *Dianthus* e *Primrose*, a placentação é denominada **central livre.** Na placentação **basal**, a placenta desenvolve-se na base do ovário e um único óvulo está ligado a ela, como no girassol e na calêndula.

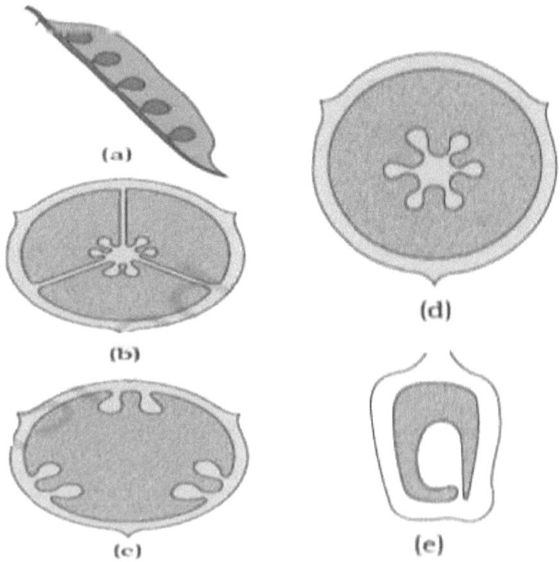

Figura 83. Tipos de placentação
NB: (a) Marginal, (b) Axilar, (c) Pariental, (d) Central livre, (e) Basal

5.4. O fruto

O fruto é uma caraterística das plantas com flores. É um ovário maduro ou amadurecido, desenvolvido após a fertilização. Se um fruto é formado sem fertilização do ovário, é chamado um fruto **partenocárpico**. Geralmente, o fruto é constituído por uma parede ou **pericarpo** e por sementes. O pericarpo pode ser seco ou carnudo. Quando o pericarpo é espesso e carnudo, diferencia-se em **epicarpo** externo**, mesocarpo** médio e **endocarpo** interno.

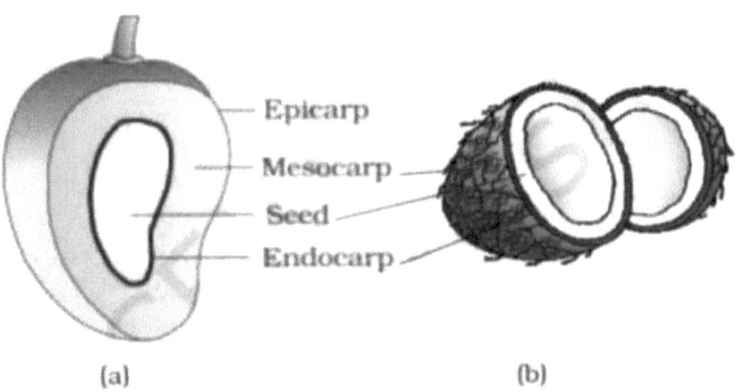

Figura 84. Partes de um fruto: (a) Manga, (b) Côco

Na manga e no coco, o fruto é conhecido como uma drupa (Figura 84). Desenvolvem-se a partir de ovários superiores monocarpelar e têm uma só semente. Na manga, o pericarpo está bem diferenciado num epicarpo exterior fino, num mesocarpo médio carnudo comestível e num endocarpo interno duro e pedregoso. No coco, que também é uma drupa, o mesocarpo é fibroso.

5.5. A semente

Os óvulos, após a fertilização, desenvolvem-se em sementes. Uma semente é constituída por um invólucro e um embrião. O embrião é constituído por uma radícula, um eixo embrionário e um (como no trigo e no milho) ou dois cotilédones (como na grama e na ervilha).

5.5.1 Estrutura de uma semente de dicotiledónea

O revestimento mais externo de uma semente é o tegumento. O revestimento da semente tem duas camadas, a **testa** externa e o **tegmen** interno. O **hilo** é uma cicatriz no revestimento da semente através da qual as sementes em desenvolvimento foram fixadas ao fruto. Acima do hilo existe um pequeno poro chamado **micrópila**. No interior do invólucro da semente encontra-se o embrião, constituído por um eixo embrionário e dois cotilédones. Os cotilédones são frequentemente carnudos e estão cheios de reservas alimentares. Nas duas extremidades do eixo embrionário estão presentes a radícula e a plúmula. Nalgumas sementes, como a da mamona, **o endosperma**, formado na sequência de uma dupla fecundação, é um tecido de reserva alimentar. Em plantas como o feijão, a grama e a ervilha, o endosperma não está presente nas sementes maduras e essas sementes são chamadas de não endospermas.

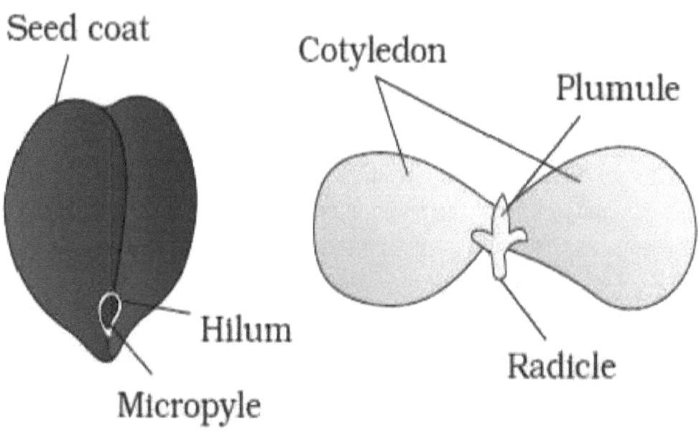

Figura 85. Estrutura da semente de dicotiledóneas

5.5.2 Estrutura da Semente de Monocotiledóneas

Geralmente, as sementes das monocotiledóneas são endospérmicas, mas algumas, como as das orquídeas, não são endospérmicas. Nas sementes de cereais, como o milho, o revestimento da semente é membranoso e geralmente fundido com a parede do fruto. O endosperma é volumoso e armazena alimentos. A cobertura exterior do endosperma separa o embrião por uma camada proteica denominada **camada de aleurona**. O embrião é pequeno e situa-se num sulco numa das extremidades do endosperma. É constituído por um cotilédone grande e em forma de escudo, denominado **escutelo**, e por um eixo curto com uma **plúmula** e uma **radícula**. A plúmula e a radícula estão envolvidas em bainhas denominadas **coleóptilo** e **coleorriza**, respetivamente.

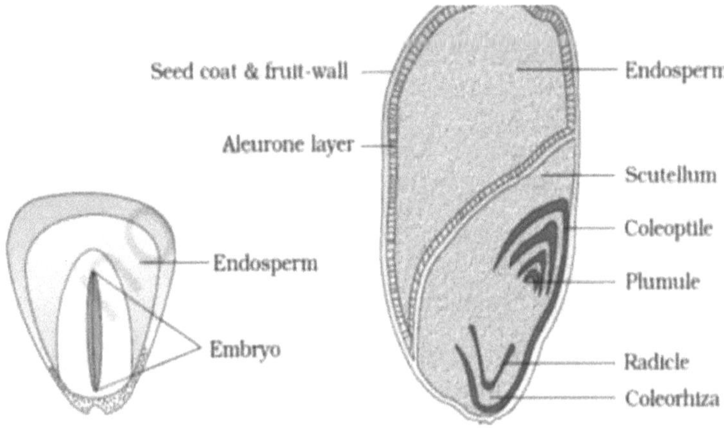

Figura 86. Estrutura de uma semente de monocotiledónea

CAPÍTULO 6

6. DESCRIÇÃO SEMI-TÉCNICA DE UMA PLANTA COM FLOR TÍPICA

6.1. O diagrama floral com a fórmula floral

Várias caraterísticas morfológicas são utilizadas para descrever uma planta com flor. A descrição tem de ser breve, numa linguagem simples e científica e apresentada numa sequência correta. A planta é descrita começando pelo seu hábito, caracteres vegetativos - raízes, caule e folhas e, em seguida, caracteres florais - inflorescência e partes da flor. Após a descrição das várias partes da planta, apresenta-se um diagrama floral e uma fórmula floral. A fórmula floral é representada por alguns símbolos. Na fórmula floral, **Br** significa bracteado**, K** significa **cálice**, **C** significa corola, **P** significa perianto, **A** significa androceu e **G** significa gineceu, $\underline{G}$ significa ovário superior e $\overline{G}$ significa ovário inferior, ♂ significa macho, ♀ significa fêmea, $\oplus$ significa plantas bissexuais, % significa natureza actinomórfica e$^{\cdot 0}$ significa natureza zigomórfica da flor. A fusão é indicada pela inclusão da figura entre parêntesis e a adesão por uma linha traçada acima dos símbolos das partes florais. Um diagrama floral fornece informações sobre o número de partes de uma flor, a sua disposição e a relação que têm entre si.

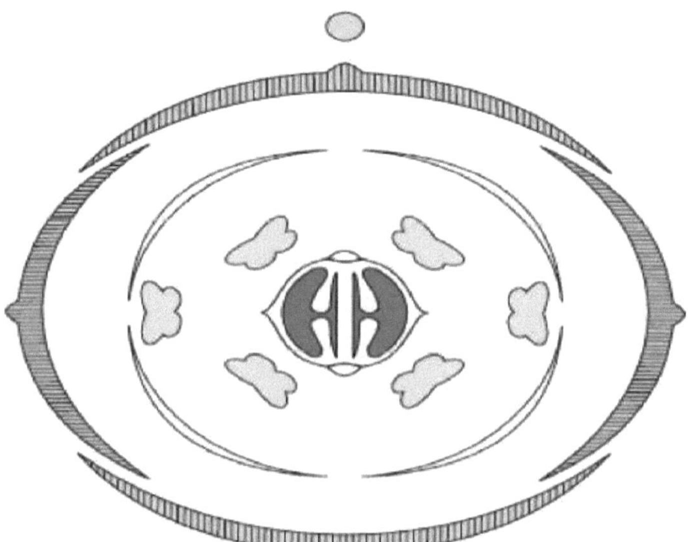

$$\oplus ⚥ K_{2+2}\, C_4\, A_{2+4}\, \underline{G}_{(2)}$$

Figura 87. Diagrama floral com fórmula floral

A posição do eixo-mãe em relação à flor é representada por um ponto na parte superior do diagrama floral. O cálice, a corola, o androceu e o gineceu são desenhados em espirais sucessivas, sendo o cálice a parte mais externa e o gineceu a parte central. A fórmula floral mostra também a coesão e a adesão dentro de partes de espirais e entre espirais. O diagrama floral e a fórmula floral da figura 87 representam a planta da mostarda (Família. Brassicaceae).

As **fórmulas florais** são utilizadas para resumir o número e a fusão das partes florais. Nestas fórmulas, **P** refere-se às partes do perianto e é utilizado quando o perianto é indiferenciado num cálice exterior e numa corola interior típicos (por exemplo, sendo homoclamídeo, ou tendo séries exteriores semelhantes ao cálice e séries interiores semelhantes à corola que se intercalam). Se o perianto for diferenciado em cálice e corola distintos, **K** representa o número de sépalas ou lóbulos do cálice e **C** o número de pétalas ou lóbulos da corola. O androceu é designado por **A** e representa o número de estames; os estaminódios podem também ser tabelados, mas são indicados como tal na fórmula. O gineceu é designado por **G**, que indica o número de carpelos do gineceu, seguido de superior ou inferior para indicar a posição do ovário. A conação, a fusão de partes semelhantes, é ilustrada com parêntesis ( ) que incluem o número. Os verticilos separados e discretos são separados pelo sinal +, delimitando o número de partes por verticilo; o verticilo mais externo é indicado pelo primeiro número e o verticilo mais interno pelo último número. Os números entre parêntesis [ ] representam uma condição menos comum ou rara. Se houver mais do que cerca de 10 12 partes, o sinal **oт** é usado para numerosos.

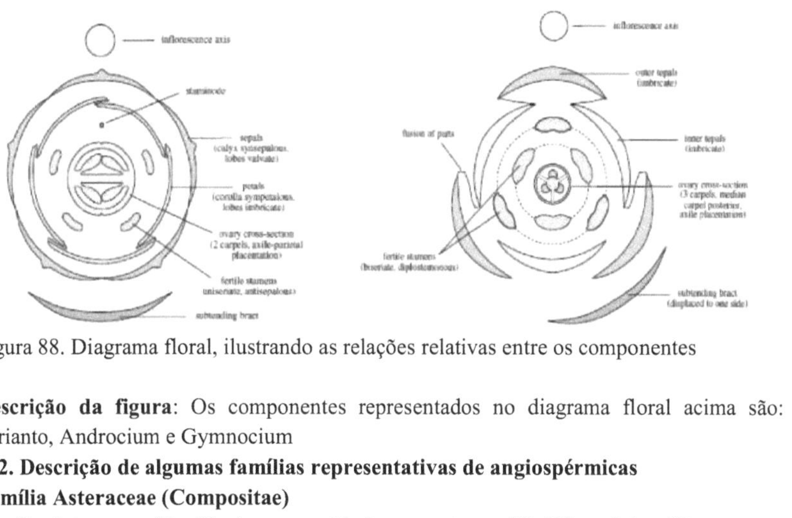

Figura 88. Diagrama floral, ilustrando as relações relativas entre os componentes

Descrição da figura: Os componentes representados no diagrama floral acima são: Perianto, Androcium e Gymnocium

6. 2. Descrição de algumas famílias representativas de angiospérmicas

Família Asteraceae (Compositae)

Família Asteraceae (família das margaridas) composta por 22.600 espécies. São ervas ou arbustos, menos frequentemente árvores ou trepadeiras; por vezes com látex leitoso. Folhas alternas, por vezes opostas ou espiraladas, basais ou caulinares, simples a compostas, lâmina geralmente com nervuras em I, raramente com 3-5 nervuras a partir da base, sésseis-auriculadas ou decurrentes ou pecioladas, sem estípulas. Flores pequenas (frequentemente designadas *por jloretas),* sésseis, I-muitas num recetáculo comum, por vezes individualmente subtendidas por uma *bráctea escárea (palea)* e quase sempre coletivamente subtendidas por um invólucro de brácteas *(filárias)* sobrepostas, 1 a muitas seriadas, formando uma cabeça *(capitulum).* Recetáculo côncavo, convexo ou globoso, raramente alongado, com ou sem pálpebras, alveolado. O capitulum é solitário ou, mais frequentemente, vários a numerosos, dispostos em vários tipos de corimbos ou cimeiras simples ou ramificados, raramente circinados; por vezes escaposos, terminais ou opostos às folhas, radiados, ligulados, disciformes ou discóides. As flores individuais são pequenas, bissexuais, unissexuais ou estéreis, todas iguais (homogâmicas) ou sexualmente diversas (heterogâmicas); as flores centrais são geralmente 5-merosas, raramente 4-merosas. Cálice não definido, representado por cerdas, escamas, cerdas, setas ou aristas (designadas por *pappus).* Corola unida, regular ou irregular. Estames alternos com os lóbulos da corola, com os filamentos soltos no tubo da corola, translúcidos; anteras unidas num tubo, raramente apenas conventuais. Ovário inferior, bicarpelado mas unilocular; óvulo solitário, basal. Estilete geralmente bífido no ápice, haste geralmente glabra, raramente com um tufo de pêlos perto das bifurcações, ramos frequentemente com pêlos densos *(papilas)* no exterior em direção ao ápice, ápice truncado a longo acuminado ou clavado, penicelado ou papiloso, superfícies estigmáticas no interior dos ramos. O fruto é uma cipsela, Cypselas dorsi-ventralmente comprimida a cilíndrica, terete a estriada, plana a poligonal, com ou sem um pappus no ápice. O pappus é variado (cerdas, escamas, botões, cerdas, aristas, awns ou corona), sendo geralmente caduco.

Asteraceae (também conhecida pelo nome alternativo mais antigo de *Compositae)* é uma das maiores famílias de plantas vasculares com cerca de 1535 géneros e cerca de 23.000 espécies (Bremer, 1994). Encontra-se amplamente distribuída, sendo as espécies herbáceas encontradas predominantemente em regiões temperadas e as árvores ocorrem principalmente a grandes altitudes em zonas tropicais. A família está subdividida em 3 subfamílias e 17 tribos (Bremer, 1994), ou 10 subfamílias e 35 tribos (Panero e Funk in *Proc. Biol. Soc. Washington* 115: 909-922 (2002). As subfamílias *Asteroideae* e *Cichorioideae* (ou *Lactucoideae,* nom. altern.) e *Carduoideae* (sensu Panero e Funk, 2002) e 15 tribos (ou 17 sensu Panero e Funk, 2002) estão representadas na área da Flora por 133 géneros e cerca de 440 espécies. É provável que este número aumente com mais colecções e estudos. Outros comentários sobre a classificação das *Asteraceae* são fornecidos no âmbito da tribo *Mutiseae.*

A família *Asteraceae* inclui muitas plantas ornamentais, mas, em relação ao seu tamanho, a família tem poucas espécies economicamente importantes. Entre estas, destacam-se o girassol *(Helianthus annuus* L.), a alface *(Lactuca sativa* L.), a chicória *(CJticorium intybus* L.), a alcachofra *(Cynara cardunculus* L., syn. C. *scolymus* L.), os crisântemos *(Chrysanthemum* spp., *Leucanthemum vulgare* Lam.), etc. Cerca de 10 dos géneros indígenas contêm espécies que são amplamente utilizadas quer em práticas medicinais tradicionais quer para a produção de óleo comestível. Trata-se de *Bidens prestinaria* (Sch. Bip.) Cufod e espécies afins (medicinal), *Carthamnus tinctorius* L. (oleaginosa), *Echinops kebericho* Mesfin (medicinal e fumigante), *Artemisia abyssinica* Sch. Bip. ex A. Rich. Rich. e *A. ab-sinthium* L. (medicinal e rituais tradicionais), *Guizotia abyssinica* (L.f.) Casso (oleaginosa), *Kleinia* Mill. (medicinal), *Phagnalon abyssinicum* Sch. Bip. ex A. Rich. (medicinal), algumas espécies de *Senecio* L. (medicinal), *Solanecio gigas* (Vatke) C. Jeffrey (medicinal) e *Vernonia amygdalina* Del. (fumigante, ingrediente da cerveja local). Atualmente, *a Guizotia abyssinica* é também muito cultivada na Índia pelo seu óleo comestível e como "alimento para aves" nos EUA.

A inflorescência (capitulum; cabeça) nas Asteraceae é constituída por um ou, geralmente, dois tipos de flores; o nome inglês composite, ou o antigo nome científico *Compositae,*

refere-se ao facto de as inflorescências serem constituídas por muitas flores que, no seu conjunto, se assemelham e actuam como uma grande flor, com as partes marginais e coloridas, geralmente em forma de tira, interpretadas como 'pétalas', e o 'resto da flor' situado no centro. A inflorescência é geralmente rodeada por brácteas estéreis, os filários. As flores em si são frequentemente muito pequenas (e por isso, como neste relato, designadas por floretes), medindo apenas alguns milímetros de comprimento. Os floretes estão agrupados num recetáculo geralmente largo na parte superior achatada da haste floral. Para ajudar os utilizadores da Flora, as diferentes partes do capitulum são brevemente descritas a seguir, utilizando a terminologia adaptada nesta descrição.
O capitulum assume diferentes formas. Pode ser hemisférico, campanulado, urceolado, cilíndrico, etc. Os componentes do capitulum, a partir da periferia, são os seguintes Filárias ou brácteas involucrais: são estruturas geralmente esverdeadas e semelhantes a brácteas que se encontram em torno da borda do recetáculo; podem também ser coriáceas, escariosas, hialinas ou cartilaginosas, herbáceas, sub-herbáceas ou semelhantes a folhas. Podem ser modificados em espinhos ou mesmo em broca (por exemplo, *Xanthium).* São uni ou multisseriados e geralmente sobrepostos. Nalguns géneros, o mais exterior pode ser diferente dos restantes, noutros podem ser todos semelhantes, mas graduados com o maior para o centro do capitulum. Em algumas tribos, como as Senecioneae, as brácteas mais pequenas, designadas por cálices, encontram-se fora dos filários.
Recetáculo: é a parte do caule que produz as flores. É geralmente plano ou côncavo, por vezes cónico (por exemplo, *Acmella, Spilanthes)* ou mesmo colunar (por exemplo, *Sphaeranthus).* Os filários e os floretes raiados surgem na periferia do recetáculo, ao passo que os floretes em disco e as brácteas friáveis, denominadas palas ou pálides, surgem na parte central. Se o recetáculo possuir tais brácteas ou cerdas, a íris é designada por paleácea; se estas estruturas não existirem, o recetáculo é designado por nu. A zona do recetáculo de onde sai cada florete é muitas vezes claramente visível após o desprendimento dos frutos. Cada uma destas zonas, muitas vezes designadas por caroços, pode estar rodeada por restos das bases das palas, caso em que o recetáculo é designado por alveolado, ou estes restos podem estar ausentes, caso em que se diz que é alveolado.
Floretes marginais: em alguns géneros, os floretes marginais são diferentes dos do centro (no disco). São geralmente achatados ou em forma de cinta e de coloração evidente. São frequentemente constituídos por um ovário, uma pequena parte tubular com ou sem pistilo e/ou estame(s) e uma parte plana colorida que é geralmente afastada do centro da cabeça. A parte achatada é interpretada como uma corola marginalmente fundida. Este tipo de corola chama-se raio e a flor que a contém chama-se flor de raio (ou flor de raio). A corola é muitas vezes apicalmente (2-)3(~)-cleft indicando o número de pétalas que estão fundidas.
Em alguns géneros, a corola pode ter 2 lábios com um ou ambos os lábios em forma de alça (por exemplo, *Mutisieae,* sensu Bremer 1994). Os capítulos com floretes em forma de raio são designados por radiados, enquanto os que têm apenas floretes em forma de disco são designados por discóides. Em alguns géneros (e.g., *Conyza),* os floretes marginais, embora pistilados, não desenvolvem raios e a corola é tubular. Este tipo de corola é frequentemente muito mais fino do que a corola disco, e um capitulo em que as flores pistiladas não têm raios é chamado disciforme. Por vezes, o termo discoide é também utilizado para designar este tipo de capitulo.
Floretes ligulados: em alguns táxones (por exemplo, tribo *Cichoreae),* os floretes da

cabeça ou do capitulo são todos semelhantes e assemelham-se aos floretes dos raios de um capitulo radiado. Mas diferem pelo facto de serem perfeitos (tanto o pistilo como os estames estão presentes) e de terem geralmente 5 lóbulos ou dentes terminais no ápice da corola em forma de fita. Estes tipos de flores são designados por floretes ligulados e as corolas em forma de fita são designadas por lígulas. Nalguns taxa (por exemplo, *Conyza)* os floretes marginais de uma cabeça podem ter lígulas microscópicas associadas a corolas filiformes. Nestes casos, o capitulo pode ser designado como disciforme mas a corola ligulada. Os capítulos com floretes marginais filiformes e floretes centrais regulares são designados heterogâmicos. Se todos os floretes de um capítulo forem morfologicamente semelhantes, diz-se que o capítulo é homogéneo. Floretes do disco: formam-se no centro do capítulo e são flores pequenas, tubulares, em forma de trombeta ou de cálice, com 5 (raramente 3 ou 4) lóbulos curtos no ápice. Dependendo do táxon, pode haver de uma a mais de mil destas flores num capitulo. A ordem de floração num capitulo é do exterior (i.e. perto dos floretes marginais) para o centro. Em muitos géneros, cada florete é subtendido por uma bráctea membranosa chamada palea ou pálida. Os componentes de um florete em disco são: ovário - uma estrutura com um único óvulo anátropo situado na base do florete.

Pappus - crescimento a partir do ápice do ovário ou do fruto, que pode ser constituído por cerdas macias ou rígidas, escamas, cerdas robustas ou um anel ou coroa de tecido. Podem ser uni ou multisseriados e cada uma das partes do pappus pode ser lisa, coberta de pêlos curtos unicelulares ou pluricelulares, plumosa, com farpas para cima (antrorsal) ou para baixo (retrorsal). Nalguns taxa, podem encontrar-se combinações destas caraterísticas num pappus. O pappus também pode não existir totalmente ou pode estar a cair precocemente. O pappus é interpretado como um tecido vestigial que representa o cálice ou as sépalas de flores simples. Esta interpretação tem sido questionada e, pelo menos em alguns géneros, o pappus é considerado como um crescimento da parede do ovário.

Corola - as pétalas estão fundidas para formar uma estrutura tubular situada no ápice do ovário, com limbos geralmente mais largos e muitas vezes 5-10bélicos, embora também se possam encontrar corolas de 3 ou 4-10bélicos em alguns géneros. Se dividirmos a corola tubular fundida e espalharmos as partes, serão visíveis as estruturas reprodutoras masculinas (estames) e parte das femininas (estilete) da planta.

Estames - Nas *Asteraceae*, o androecium é constituído por 5 estames parcialmente fundidos e é geralmente composto por 5 filamentos separados e 5 anteras marginalmente fundidas (sinânteres). O termo sinanterologista, aplicado aos botânicos que estudam as Asteraceae, deriva desta caraterística das anteras. Os ápices e as bases das anteras apresentam um grande número de caracteres importantes. A parte superior do filamento, que se insere na base da antera, é constituída por células curtas de forma retangular ou quadrada, com paredes celulares ligeiramente mais espessas do que o resto do filamento. Esta parte do filamento é designada por colarinho. As bases das anteras podem ser lobadas ou não lobadas, frequentemente designadas por sagitadas, caudadas, ecaudadas, ecalcaradas, etc. Os lóbulos podem ser curtos ou longos e com ou sem cauda. Nalguns taxa (por exemplo, *Mutiseae* s.1.) as caudas podem ser peludas.

Estilete - é uma parte do pistilo. A base do estilete é bulbosa em muitas espécies compostas e frequentemente rodeada por um tecido parenquimatoso denominado carpopódio. O ápice do estilo é ramificado, formando 2, raramente 3, ramos ou braços (chamados braços ou ramos do estilo). As superfícies internas destes ramos, designadas por estigma, são cobertas de forma variada por pequenas papilas estreitamente agrupadas. Em alguns táxones, as superfícies externas dos ramos podem estar parcial ou totalmente cobertas por papilas. As pontas dos ramos constituem caraterísticas diagnósticas nas Asteraceae: as tribos e os géneros podem ser identificados com a ajuda das caraterísticas dos ramos estilares.

Cipsela - o fruto com uma só semente, com a parede do ovário a servir de parede do fruto. A cipselha pode ser pequena, medindo apenas alguns milímetros, ou relativamente grande, como em *Helianthus.* A parede da cipsela pode ser lisa ou de textura variada. Muitos dos géneros *de Asteraceae* distinguem-se facilmente pelas caraterísticas da parede da cipsela. As mesmas caraterísticas podem também ser utilizadas para distinguir espécies monogenéricas. A forma da cipsela e as caraterísticas da parede em combinação com a morfologia do pappus estão entre os caracteres mais fiáveis oferecidos pelos frutos de *Asteraceae.* Noutros trabalhos sobre as *Asteraceae* o fruto pode ser referido como um aquénio.

Nomes científicos das *Asteráceas* etíopes: A sinonímia para os taxa das *Asteráceas* é por vezes mais complicada do que o habitual na Flora da Etiópia e da Eritreia. Por conseguinte, foram acrescentadas aqui algumas notas sobre as complicações, as razões da sua origem e o que foi feito para as resolver. Muitas das primeiras colecções (século XIX) de *Asteraceae* da Etiópia foram estudadas pelo médico e botânico alemão Carl Heinrich Schultz (1805-1867), conhecido como Schultz Bipontinus e abreviado como Sch. Bip. Recebeu o epíteto "Bipontinus" do nome da sua cidade natal, Zweibliicken na Renânia-Palatinado (um estado no sudoeste da Alemanha), porque o nome Zweibrucken, que significa "duas pontes", aparecia nos textos latinos como Bipontium. Schultz Bipontinus atribuiu nomes científicos a muitas espécies de *Asteraceae* da Etiópia em etiquetas de herbário sem publicar formalmente uma descrição validadora desses nomes numa revista científica ou num livro.

Os nomes sem descrições validadas em papel são referidos como *nomina nuda* (que significa "nomes nus"), abreviado *nom. nud.* Embora fosse um brilhante estudante de *Asteraceae,* Schultz Bipontinus produziu apenas alguns artigos curtos em revistas ou em trabalhos de outros (de facto, publicou quatro relatos de *Asteraceae* da Etiópia com descrições validadas; estes foram publicados em 1839, 1842 e 1845), e não produziu nenhum grande trabalho científico. Este facto pode estar relacionado com o modo de vida de Schultz Bipontinus; em 1832-35 foi preso por razões políticas e, durante o resto da sua vida, trabalhou como médico num hospital da cidade. Uma vez que muitos dos nomes de Schultz Bipontinus foram publicados por ou nas obras de outros, as regras do Art. 46 do Código Internacional de Nomenclatura Botânica para a citação de tais nomes devem ser seguidas.

Quando outros retomaram os nomes científicos de Schultz Bipontinus e forneceram as descrições, a abreviatura do autor Sch. Bip. deve ser ligada à abreviatura do nome do autor de validação pela palavra *ex.* Walpers (1843,1846), A. Richard (1848) e Schweinfurth e Ascherson (1867) retomaram particularmente muitos dos nomes científicos de Schultz Bipontinus, fornecendo as suas próprias descrições, pelo que a citação correta para eles deve ser Sch. Bip. ex Walp., Sch. Bip. ex A. Rich. Rich. e Sch. Bip. ex Schweinf. e Asch., mas as suas publicações de validação nem sempre são formalmente corretas e, por vezes, dois autores de validação adoptaram um nome proposto por Schultz Bipontinus independentemente. Nos casos em que o autor posterior utilizou o epíteto de Schultz

Bipontinus com um novo nome genérico, considerou-se que o autor posterior criou uma nova combinação. Por conseguinte, ao contrário de algumas publicações anteriores sobre *Asteraceae* da Etiópia, o uso de" double Sch. Hip. ex" na citação de autores não foi aplicado neste relato; o "Sch. Bip. ex" é utilizado para o autor que primeiro publicou o epíteto, cf. nota em *Dianthoseris* Sch. Bip. ex A. Rich e *Launaea rueppellii* (Oliv. e Hiern) Boulos.

Se o autor da publicação atribuiu tanto o nome como a descrição a Schultz Bipontinus, como fizeram Schweinfurth e Ascherson (1867) nalguns casos específicos, o novo nome é atribuído a Schultz Bipontinus, como se tivesse sido publicado num dos seus próprios trabalhos ou num livro da sua autoria. A presente descrição cita mais *nomina nuda* do que o habitual, a fim de tornar clara a interpretação das várias alternativas. *Os nomina nuda* publicados a partir de etiquetas de herbário feitas por Schultz Bipontinus, especialmente Schweinfurth & Ascherson (1867), são atribuídos exclusivamente ao(s) autor(es) que publicou(aram) o nome; por conseguinte, não pode haver "ex" ou "in" em *nomina nuda.*

É de notar que todas as *Asteraceae* no *Tentamen Florae Abyssinicae* de A. Richard foram publicadas em fevereiro de 1848, enquanto grande parte do texto anterior do livro foi publicado em 1847. Outra complicação na nomenclatura das *Asteraceae* etíopes encontra-se num trabalho de Vatke no Journal *Linnaea* 39 (1875), em que vários nomes foram publicados de tal forma que não é possível distinguir entre nomes e descrições, uma falha que significa que o nome não foi corretamente proposto e publicado *(nom. non rite publ.).* Por vezes, houve confusão quando botânicos posteriores tentaram corrigir esses erros anteriores. Emilio Chiovenda também propôs um grande número de nomes para *Asteraceae* obtidas na Etiópia. Foram feitas tentativas para procurar as referências bibliográficas de muitos deles, mas ainda existe um número considerável de nomes não publicados. Estes nomes são aqui tratados como "nomina nuda" porque, até à data, só existem como nomes em folhas de herbário.

Tanto quanto é do conhecimento dos autores, os problemas nomenclaturais aqui mencionados foram resolvidos da melhor forma possível, mas as conclusões nomenclaturais - incluindo as conclusões sobre o estatuto dos nomes *(nom. nud., nom.non rite publ., nom. illegit.)* - foram apresentadas de forma mais específica do que na maior parte das outras partes da Flora, a fim de ajudar os futuros investigadores que possam querer questioná-las. Finalmente, uma nota sobre sinonímia: o autor optou por colocar os sinónimos de taxa nominais intra-específicos sob o nome da espécie. Os sinónimos ao nível da espécie nem sempre podem ser referidos a um táxon intraespecífico; por vezes, é necessário aguardar estudos posteriores.

Família Orchidacae: A família Orchidaceae (família das orquídeas) é composta por 20.900 espécies. São ervas perenes, terrestres, saprófitas, epífitas ou litofíticas ou raramente trepadeiras, com rizomas, tubérculos de caule radicular ou porta-enxertos com fungos micorrízicos nas raízes e muitas vezes noutros locais. O crescimento é simpodial ou, menos frequentemente, monopodial. Caules geralmente folhosos, mas as folhas são frequentemente reduzidas a escamas semelhantes a brácteas, um ou mais entrenós na base frequentemente inchados para formar um pseudobolbo; espécies epífitas com raízes aéreas, assimiladoras e adventícias, muitas vezes com uma ou mais camadas de células mortas chamadas velame. Folhas glabras ou ocasionalmente pilosas, inteiras, exceto no ápice em alguns casos, alternas; ou ocasionalmente opostas, muitas vezes disticuladas, frequentemente carnudas e muitas vezes cilíndricas ou estriadas, quase sempre com uma bainha basal que cobre frequentemente o caule, por vezes articulada na base da lâmina e por vezes com um falso pecíolo; Inflorescências eretas a pendentes, espiculadas, racemosas ou paniculadas, com uma a muitas flores, basais, laterais ou terminais, as flores raramente secundárias ou disticuladas. Flores pequenas a grandes, muitas vezes bastante vistosas, hermafroditas (raramente monóicas e polimórficas fora de África), sésseis ou pediceladas de forma variada, na maioria das vezes torcidas a 180 graus, ocasionalmente não torcidas ou torcidas a 360 graus. O ovário é inferior, unilocular e a placentação é parietal (raramente trilocular e a placentação é axilar, mas não em África). O perianto é constituído por duas espirais de três segmentos.

Família Fabaceae: Fabaceae (família das legumináceas - ervilha) compreende 18.000 espécies. São árvores, arbustos, lianas ou ervas. Folhas alternas, frequentemente pinadas ou pinadas 3-folioladas, menos frequentemente bipinadas ou digitadas 3-folioladas, ocasionalmente 1-folioladas, simples ou digitadas; estípulas geralmente presentes. Recetáculo geralmente alargado. Sépalas geralmente unidas. Pétalas geralmente 5, ocasionalmente menos ou 0, livres ou menos frequentemente algumas ou todas unidas. Estames inseridos com as pétalas no bordo do recetáculo, geralmente 10, mas por vezes mais ou menos. Ovário quase sempre um carpelo único, superior, (1-)2-vário-ovulado, com os óvulos ligados à sutura adaxial. Fruto (vagem) geralmente deiscente em 2 valvas, menos frequentemente deiscente apenas ao longo da sutura superior ou indeiscente ou dividindo-se transversalmente em segmentos com 1 semente. A semente não tem endosperma ou tem um endosperma escasso. Existem cerca de 650 géneros e 18 000 espécies, amplamente distribuídas pela maior parte do mundo. Trata-se de uma família de grande importância económica que contém, para além das leguminosas, muitas espécies utilizadas para forragem, melhoramento de pastagens, produção de carvão, madeira, gomas, medicina e ornamentação. A capacidade da maioria dos membros da família de formar associações com bactérias simbióticas que fixam o azoto atmosférico contribui grandemente para melhorar a fertilidade do solo. A família Fabaceae era anteriormente denominada Papilionoideae, uma subfamília da família Leguminosae. Está distribuída por todo o mundo.

6.3. Caracteres vegetativos

Forma da planta: Árvores, arbustos, ervas; **Raízes**: com nódulos radiculares; **Caule:** ereto ou trepador; **Folhas:** alternas, compostas pinadas ou simples; base da folha, pulvinada; estipuladas; venação reticulada.

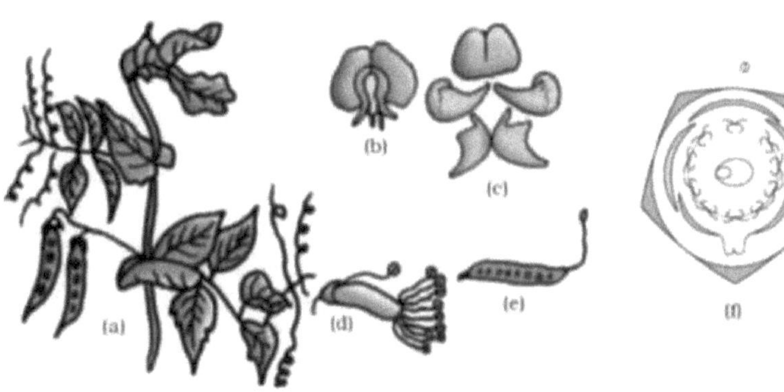

Figura 89. *Pisum sativum* (planta de ervilha)

Descrição da figura (89): (a) Galho florido (b) Flor (c) Pétalas, (d) Partes reprodutoras, (e) Secção lateral do carpelo, (f) Diagrama floral

Caracteres florais

Inflorescência: racemosa

Flor: bissexual, zigomorfa

Cálice: sépalas cinco, gamossépalo; estivação valvulada/imbricada

Corola: pétalas cinco, polipétala, papilionácea, constituída por um estandarte posterior, duas asas laterais, duas anteriores formando uma quilha (encerrando estames e pistilo), estivação vexilar

Androceu: dez, diadelfo, antera ditiforme

Gineceu: ovário superior, monocarpelar, unilocular com muitos óvulos, estilo único

Fruto: legume; semente: uma a muitas, não endospérmica

Fórmula floral: % K (5) C1+2+ (2) A (9) +1 G1

Importância económica

Muitas plantas pertencentes à família são fontes de leguminosas (grama, *arhar, sem, moong*, soja); óleo comestível (soja, amendoim); corante (Indigofera); fibras (sunhemp); forragem *(Sesbania, Trifolium),* ornamentais (tremoço, ervilha-de-cheiro); medicamento (*muliathi*).

Família Poaceae: A família Poaceae ou gramineae (família das gramíneas) compreende cerca de 10.000 espécies. São herbáceas anuais ou perenes, estoloníferas; ou bambus lenhosos altos, caules (caules) articulados, tipicamente com entrenós ocos e nós sólidos, mas por vezes sólidos; ramos que surgem isoladamente a partir dos nós e subtendidos por uma bainha foliar e um profilo de 2 quinas frequentemente fasciculado. Folhas dispostas altemadamente em 2 fileiras, diferenciadas em bainha, lígula e lâmina; bainha que envolve e suporta o entrenó do caule; lâmina divergente, geralmente linear e plana, mas variando de filifdmi e enrolada a ovada, os nervos paralelos raramente com conexões cruzadas, lígula membranosa ou uma linha de pêlos: Inflorescências terminais ou axilares, compostas por espiguetas numa panícula aberta ou contraída, ou em racemos ou espigas, estas dispostas ao longo de um eixo central alongado ou digitadas ou emparelhadas na extremidade do caule, ocasionalmente solitárias; axilares frequentemente numerosas, subtendidas por uma espata (bainha foliar especializada com lâmina reduzida ou ausente) e emplumadas numa panícula composta de folhas. Espiguetas compostas por brácteas disticuladas dispostas ao longo de um eixo delgado e articulado (raquila); as 2 brácteas mais baixas (glumas) estão vazias e subentendem 1 a muitos floretes. Cada florete é composto por 2 brácteas e encerra uma pequena flor, sendo que a bráctea exterior (lema) envolve a bráctea oposta, mais delicada, geralmente com 2 quelíceras (pálpea); a base do florete apresenta frequentemente um prolongamento espessado articulado com o calo; o lema apresenta frequentemente uma cerda apical ou dorsal (cerda), as glumas também apresentam por vezes cerdas. Flores geralmente bissexuais, por vezes unissexuais, constituídas por 2 (-3) pequenas escamas hialinas ou carnudas que representam o perianto (lodículas), 3 (raramente 1, 2 ou 6) estames hipogínicos e um ovário I-locular com (1-)2 estilos encimados por estigmas plumosos. O fruto é uma cariopse, o embrião é grande ou pequeno, o hilo é punctaforme ou linear. A família das gramíneas está amplamente distribuída por todo o mundo e cobre uma área maior do que qualquer outra família de plantas com flor. As gramíneas são essenciais para o homem, uma vez que incluem os cereais que constituem a base da alimentação da maior parte da população mundial e fornecem também pasto e forragem para os animais domésticos. Os espécimes citados encontram-se todos no herbário de Kew (K), salvo indicação em contrário; muitos estão também presentes no herbário de Adis Abeba (ETH).

Família Lamiaceae: A família Lamiaceae ou labiatae (família da hortelã) compreende 7.000 espécies. Trata-se de ervas, subarbustos ou, menos frequentemente, arbustos ou árvores, geralmente pubescentes com pêlos e-glandulares e pêlos glandulares sub-sésseis e/ou pedunculados, plantas frequentemente com cheiro doce ou picante quando esmagadas. Caules jovens, na sua maioria, mais ou menos em 4 ângulos; caules mais velhos, na sua maioria, teretes. Folhas decussadas, por vezes espiraladas, rosuladas ou dispersas; lâmina geralmente simples e dentada, por vezes pinnadamente lobada ou composta palmada *(Vitex).* Inflorescência tirsoide com (1-)2(-3) cimas por nó (2-3 cimas ligadas entre si nos mesmos nós formando um verticilo são designadas por ásteres verticilados) ou racemóide, não ramificada ou ramificada, laxa a densa e por vezes em forma de cabeça; brácteas semelhantes ou distintas das folhas normais; cimas com uma a muitas flores, pedunculadas ou, mais frequentemente, sésseis (com os pedicelos a nascer diretamente do eixo principal das inflorescências); bractéolas (folhas semelhantes a brácteas nas cimas) geralmente pequenas ou ausentes. As flores são pediceladas ou sésseis, bissexuais, por vezes bissexuais ou femininas *(Mentha, Thymus, Meriandra, Rosmarinus, Salvia)* ou raramente masculinas ou femininas *(Tetradenia).* Cálice com sépalas unidas, persistente no fruto, geralmente mais ou menos alargado depois de uma antese, tubular, campanulado ou por vezes amplamente afunilado, ou com um limbo quase plano, raramente aparentemente sem tubo *(Origanum),* tornando-se seco ou raramente carnudo e semelhante a uma baga *(Hoslundia),* regular ou bilateralmente simétrico, muitas vezes nitidamente com 2 lábios, (2)5-1 0(-11)-lobulado. Corola com as pétalas unidas num tubo, (3-)4-5-lobada, ligeira a fortemente simétrica bilateralmente, na maioria das vezes com 2 lábios distintos, por vezes aparentemente com lábios em I *(Clerodendrum, Teucrium* e *Ajuga).* Estames 4, didínamos (de 2 comprimentos diferentes), ou raramente 2; par posterior por vezes estéril, anão ou ausente, ligado ao tubo da corola; par anterior mais longo ou por vezes mais curto *(Nepeta);* filamentos livres ou por vezes mais ou menos unidos, frequentemente peludos perto da base; antera com 2 tecas ou por vezes apenas uma *(Salvia, Rosmarinus),* tecas distintas ou unidas para formar uma câmara. Disco inteiro, subigualmente quadrilobado, geralmente alargado ou com um grande lóbulo na face abaxial. Pistilo 1; estilete mais ou menos bífido, ou por vezes clavado e inteiro no ápice; ovário superior, 4-lobado até à base, ou menos frequentemente pouco lobado ou inteiro, 4-locular com um óvulo em cada loculo, ou por vezes com 210 óvulos e 2 óvulos por loculo *(Premna, Vitex).* O fruto é seco ou por vezes carnudo (na subfamília Viticoideae), separando-se em 4 (ou menos, devido ao aborto) nutlets (mericarpos), ou não se separando (subfam. Viticoideae). Os nutlets são geralmente glabros ou por vezes peludos, alados *(Tinnea)* ou escamosos *(Achyrospermum),* tornando-se frequentemente mucilaginosos quando molhados (subfamília Nepetoideae. Tradicionalmente, e na maioria das Floras (incl. *Flora of Tropical East Africa), Clerodendrum, Vitex, Premna* e géneros relacionados foram incluídos em Verbenaceae. Contudo, de acordo com os sistemas de classificação mais recentes (por exemplo, Kubitzki, K. (ed.), *The Families and Genera of Vascular Plants* 7, 2004), os três géneros são aqui transferidos para Lamiaceae. A classificação genérica nesta Flora entra em conflito com algumas propostas em trabalhos sistemáticos recentes. No entanto, por razões práticas, considera-se necessário manter uma classificação mais tradicional da família, embora o autor concorde com a maioria destas propostas recentes.

1) De acordo com Ryding (in *Syst. Bot.* 23: 235, 1998), o género *Leucas* é parafilético com o distinto *Leonotis* como subgrupo. Muitos botânicos consideram os grupos parafiléticos inaceitáveis em termos de classificação e argumentam (pers. comm.) que *Leucas* e *Leonotis* deveriam ser amalgamados num "grande *Leucas* monofilético". No entanto, o presente autor considera que é necessário permitir a existência de taxa parafiléticos nas classificações (Ryding in *Taxon* 49: 95-96, 2000).

2) O género *Satureja* é aqui circunscrito de forma ampla, mas muitos autores preferem dividir este género variável em géneros mais pequenos. As espécies na área da Flora são talvez melhor colocadas em *Clinopodium* e *Micromeria.*

3) Paton *et al.* (em Y. Holm & R. Hiltunen, *Medicinal and Aromatic plants - industrial profiles,* 1999) incluem *Erythrochlamys* e *Becium* em *Ocimum.* O género *Erythrochlamys* não é muito distinto do *Ocimum. Becium* é distinto de *Ocimum* em África, mas as diferenças entre os dois géneros desaparecem no Novo Mundo.

4) Não existem diferenças consistentes entre *o Neohyptis* monotípico e o *Plectranthus.* O *Solenostemon* e o *Englerastrum*, ligeiramente mais bem definidos, devem também ser incluídos em *Plectranthus.* Verificou-se que *Clerodendrum* é polifilético (Steane *et al.* in *Syst. Bot.* 22: 229, 1998) e, consequentemente, alguns autores dividem-no em dois géneros, *Clerodendrum* s. str. e *Rotheca.*

Família Euphorbiaceae: A família Euphorbiaceae (família dos esporões) compreende 5000 espécies. São árvores, arbustos ou ervas, por vezes suculentas ou trepadeiras; por vezes espinhosas, por vezes com pêlos estrelados e/ou escamas peltadas ou pêlos urticantes; por vezes com látex. Folhas geralmente alternas, ocasionalmente opostas ou espiraladas, geralmente simples, inteiras ou palmadas, ocasionalmente reduzidas a escamas, raramente palmadas; estípulas geralmente presentes. São monóicas ou dióicas. Inflorescências axilares, opostas às folhas ou terminais, geralmente em forma de racemo, raramente cimosas, ou flores muito reduzidas e contidas em "ciatíbias" florais. Flores pequenas a minúsculas, (2-)3-"ou mais)-merosas, por vezes reduzidas a um único estame nu ou a um ovário nu; pétalas frequentemente ausentes; disco anular ou glândulas discais frequentemente presentes. Flores masculinas: estames I a *c* 1000, filão pistilar presente ou não. Flores femininas: estaminódios geralmente ausentes, muito raramente presentes e aparentemente funcionais; ovário 1-1(-20)-locular, na maioria das vezes 3-locular, locules cada um com I ou 2 óvulos e 1° estilo, estilos livres ou unidos, muitas vezes divididos. O fruto é maioritariamente um yaregma, que é um esquizocarpo em forma de cápsula que se divide, muitas vezes de forma explosiva, em cocos com 2 válvulas, deixando uma columela central, formando ocasionalmente uma drupa ou, raramente, uma baga. As sementes são frequentemente com um canmcle1.

Na maioria dos géneros, o fruto, uma regma com 3 lóculos, é o diagnóstico, mas a família como um todo é mal definida, com excepções a todos os caracteres de diagnóstico. Foram sugeridas ligações a uma diversidade de famílias, nomeadamente Thymelaeaceae, Sterculiaceae e Flacourtiaceae, mas também, embora de forma menos convincente, a Celastraceae, Rhamnaceae, Anacardiaceae, Ulmaceae, etc. Algumas autoridades sugeriram que a família poderia ser polifilética, transferindo, em alguns casos, os géneros mais anómalos para famílias separadas. Este ponto de vista não parece ser atualmente favorável. *O Buxus,* outrora incluído nesta família, é agora geralmente aceite como não tendo qualquer afinidade com as Euphorbiaceae.

Família Melastomataceae: Família Melastomataceae (família dos melastomas): São ervas, arbustos, árvores e trepadeiras. Folhas opostas, decussadas, raramente espiraladas, simples, geralmente inteiras, com 2 ou mais veias longitudinais fortes paralelas à nervura mediana a partir da base. As estípulas estão ausentes. A inflorescência é terminal nos taxa da Etiópia. As flores são 4-5(~)-merosas, regulares exceto no que respeita aos estames. Cálice tubular, livre ou parcialmente unido ao ovário; os lóbulos são valvulados, muitas vezes com apêndices alternados com eles. As pétalas são livres, frequentemente cor-de-rosa ou púrpura. Estames geralmente duas vezes mais numerosos do que as pétalas, inseridos no ovário ou em torno dele, filamentos frequentemente dobrados, anteras 2-loculares, basifixas, geralmente deiscentes por poros terminais, conectivos de anteras frequentemente alongados e espigados na junção com o filamento. O ovário é (l ou) 3-5-locular com numerosos óvulos axilares, estilo solitário com estigma capitado. O fruto é uma cápsula loculicida ou uma baga. As sementes são pequenas a minúsculas.

Uma família pantropical com *cerca de* 200 géneros e 4000 espécies que se encontram normalmente em áreas de elevada pluviosidade, a maioria na América do Sul, menos em África e raramente nos subtrópicos. Existem 5 géneros e 9 espécies na área da Flora da Etiópia. A delimitação genérica seguida aqui é a usada por Wickens em *Fl. Trop. E. Afr.* e não é necessariamente a utilizada noutras áreas.

Família Myrtaceae: São árvores ou arbustos (na zona da Flora da Etiópia). Folhas geralmente opostas, menos frequentemente alternas ou em espirais de três ou quatro, simples, inteiras, geralmente coriáceas, pontuadas de glândulas oleíferas em forma de pontos incorporadas na lâmina, geralmente com um nervo sub-marginal (raramente marginal) que corre ao longo de todo o comprimento. As estípulas estão ausentes. Inflorescências axilares ou terminais, paniculadas ou umbeladas, raramente fasciculadas, compostas por pequenas umbelas cimosas em *Eucalyptus;* flores por vezes solitárias em axilas foliares. As flores são bissexuais, raramente unissexuais por aborto, regulares. Sépalas 4-5, frequentemente persistentes, muitas vezes com glândulas pontuadas, por vezes (sobretudo no *eucalipto)* completamente fundidas para formar uma estrutura cónica chamada opérculo ou chapéu, que se desprende no início da floração para expor os estames e o estilo. Pétalas 4-5, livres ou (nos *eucaliptos)* fundidas com as sépalas no opérculo. Estames geralmente numerosos, livres ou unidos na base, por vezes fundidos em feixes; filamentos frequentemente enrolados ou dobrados em botão; anteras frequentemente com uma glândula apical. Ovário inferior ou meio inferior, encerrado numa estrutura geralmente obcónica ou em forma de sino (hipanto) que se pensa ter sido formada pelo pedicelo; o hipanto pode continuar como um tubo curto acima do ovário, transportando os estames; A parte superior livre do ovário forma frequentemente um disco produtor de néctar; ovário 2-5(-1O)-locular, septos por vezes incompletos; óvulos geralmente numerosos por loculo ou placenta; estilo I, estigma punctiforme, capitado ou 2-3-lobado no ápice. O fruto é uma baga, drupa ou cápsula que se deiscencia apenas no ápice. As sementes são geralmente muitas por lóculo. Mais de 100 géneros e mais de 3000 nomes de espécies foram publicados nesta família maioritariamente tropical. Está muito bem representada na América tropical, na Ásia e na Austrália, mas está mais mal representada por espécies indígenas na África tropical. No entanto, um grande número de espécies, particularmente de

O *Eucalyptus* foi introduzido e algumas destas espécies são atualmente muito utilizadas em plantações florestais e em bosques de aldeia. O registo abrange 9 géneros e 64 espécies, a maioria das quais são introduções. Esta descrição contém observações taxonómicas originais no que diz respeito aos dois géneros indígenas *(Eugenia* e *Syzygium)*; a parte restante do tratamento baseia-se em opiniões taxonómicas já estabelecidas na literatura hortícola e na *Flora of Australia.*

Família Apocynaceae: Apocynaceae (família da cana-de-açúcar): São árvores, arbustos, trepadeiras ou por vezes ervas, na sua maioria com látex branco. Folhas geralmente opostas, menos frequentemente em espirais de 3 ou alternadas, simples, com nervuras pinadas. As estípulas estão geralmente ausentes ou são interpetiolares. As flores são bissexuais, 5-merosas e maioritariamente actinomórficas. Corola maioritariamente colorida, simpétala, de formas variadas; lóbulos torcidos em botão. Anteras deiscentes em toda a extensão por uma fenda longitudinal, muitas vezes coerente com a cabeça do pistilo. Pistilo simples; ovário único, total ou parcialmente bicelular, ou duplo e bicelular e depois também ligado apicalmente pelo estilete; cabeça do pistilo basal ou lateralmente estigmática (recetiva) e com um ápice bilobado e estigmóide. O fruto é uma baga ou uma cápsula, sin- ou apocarpos. As sementes encontram-se em cápsulas, na sua maioria com 1(-2) tufos apicais de pêlos (comas). Existem 165 géneros com 1900 espécies, principalmente tropicais, algumas temperadas. 10 géneros com 1 espécie cada são indígenas ou naturalizados na área da Flora; outras 4 espécies de 4 géneros diferentes são cultivadas.

Família Solanaceae: É uma grande família, vulgarmente designada por "família da batata". Está amplamente distribuída nas regiões tropicais, subtropicais e mesmo nas zonas temperadas.

Caracteres vegetativos

As plantas são sobretudo ervas, arbustos e raramente pequenas árvores.

Caule: herbáceo, raramente lenhoso, aéreo; ereto, cilíndrico, ramificado, sólido ou oco, peludo ou glabro, caule subterrâneo na batateira (*Solanum tuberosum*).

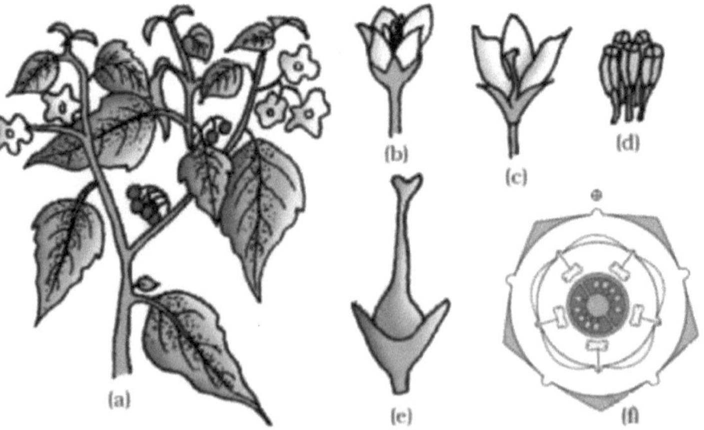

Figura 90. Planta *de Solanum nigrum*

Descrição da figura (90): (a) Galho florido, (b) Flor, (c) Secção lateral da flor, (d)

Estames, (e) Carpelo, (f) Diagrama floral

Folhas: alternas, simples, raramente compostas pinadas, exstipuladas; venação reticulada

Caracteres florais

Inflorescência: Solitária, axilar ou cimosa como em *Solanum*

Flor: bissexual, actinomorfa

Cálice: sépalas cinco, unidas, persistentes, valvuladas, estivais

Corola: pétalas cinco, unidas; estivação valvulada

Androecium: estames cinco, epipétalos

Gineceu: bicarpelar, sincarpelar; ovário superior, bilocular, placenta intumescida com muitos óvulos

Frutos: bagas ou cápsulas

Sementes: numerosas, endospermas

Fórmula floral: ⌽

Importância económica

Muitas plantas pertencentes a esta família são fonte de alimentos (tomate, brinjal, batata), especiarias (malagueta); medicamentos (beladona, *ashwagandha*); fumigantes (tabaco); plantas ornamentais (petúnia).

Liliaceae

A chamada "família dos lírios" é um representante caraterístico das plantas monocotiledóneas.

Está distribuída por todo o mundo (Figura 5.23).

Caracteres vegetativos: Ervas perenes com bolbos/cormos/rizomas subterrâneos

Folhas maioritariamente basais, alternas, lineares, exstipuladas com venação paralela

Caracteres florais

Inflorescência: solitária / cimosa; frequentemente cachos umbelados

Flor: bissexual; actinomorfa

Tépalas **do perianto** seis (3+3), frequentemente unidas em tubo; estivação valvulada

Androceu: seis estames, 3+3, epítepos

Gineceu: tricarpelar, sincarpado, ovário superior, trilocular com muitos óvulos; placentação axilar

Fruto: cápsula, raramente baga

Semente: endosperma

Fórmula Floral: Br ⌽ P (3+3) A3+3 G (3)

Importância económica

Muitas plantas pertencentes a esta família são boas plantas ornamentais (tulipa, *Gloriosa*), fonte de medicamentos (*Aloé*), legumes (*Espargos*) e colchicina (*Colchicum autumnale*).

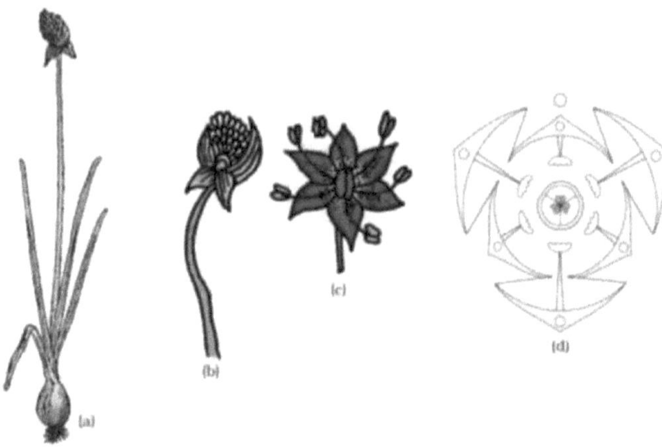

Figura 91. Planta *de Allium cepa* (cebola)

Descrição da figura (91): (a) Planta (b) Inflorescência (c) Flor (d) Diagrama floral

RESUMO

As plantas com flor apresentam uma enorme variação em termos de forma, tamanho e estrutura, modo de nutrição, duração de vida, hábito e habitat. Têm sistemas de raízes e rebentos bem desenvolvidos. O sistema radicular pode ser uma raiz axial ou fibrosa. Geralmente, as plantas dicotiledóneas têm raízes axiais, enquanto as plantas monocotiledóneas têm raízes fibrosas. Em algumas plantas, as raízes são modificadas para armazenamento de alimentos, suporte mecânico e respiração. O sistema de rebentos é diferenciado em caule, folhas, flores e frutos. As caraterísticas morfológicas dos caules, como a presença de nós e entrenós, pêlos multicelulares e natureza positivamente fototrópica, ajudam a diferenciar os caules das raízes. Os caules também são modificados para desempenharem diversas funções, como o armazenamento de alimentos, a propagação vegetativa e a proteção em diferentes condições. A folha é um crescimento lateral do caule desenvolvido exogenamente no nó. Estas são de cor verde para realizar a função de fotossíntese. As folhas apresentam variações acentuadas na sua forma, tamanho, margem, ápice e extensão das incisões da lâmina foliar (lâmina).

Tal como outras partes das plantas, as folhas também se modificam em outras estruturas, como gavinhas e espinhos, para trepar e se proteger, respetivamente. A flor é um rebento modificado, destinado à reprodução sexual. As flores estão dispostas em diferentes tipos de inflorescências. Apresentam uma enorme variação na estrutura, simetria, posição do ovário em relação às outras partes, disposição das pétalas, sépalas, óvulos, etc. Após a fertilização, o ovário é convertido em frutos e os óvulos em sementes. As sementes podem ser monocotiledóneas ou dicotiledóneas. Variam em forma, tamanho e período de viabilidade. As caraterísticas florais constituem a base da classificação e identificação das plantas com flor. Isto pode ser ilustrado através de descrições semi-técnicas das famílias. Assim, uma planta com flor é descrita numa sequência definida, utilizando termos científicos. As caraterísticas florais são representadas de forma resumida sob a forma de diagramas florais e fórmulas florais.

EXERCÍCIOS

1. O que se entende por modificação da raiz? Que tipo de modificação da raiz se encontra na:
(a) Figueira-de-bengala (b) Nabo (c) Mangue
2. Justificar as seguintes afirmações com base nas caraterísticas externas:
(i) As partes subterrâneas de uma planta nem sempre são raízes.
(ii) A flor é um rebento modificado.
3. Em que é que uma folha composta pinada é diferente de uma folha composta palmada?
4. Explicar com exemplos adequados os diferentes tipos de filotaxia.
5. Definir os seguintes termos:
(a) estivação b) placentação c) actinomorfia
(d) zigomorfo e) ovário superior f) flor periginosa g) estame epipétalo
6. Distinguir entre
(a) Inflorescência racemosa e cimosa
(b) Raiz fibrosa e raiz adventícia
(c) Ovário apocarpo e sincarpo
7. Desenhar o diagrama com etiquetas dos seguintes elementos:
(1) sementes de grama ii) V.S. de sementes de milho
8. Descrever as modificações do caule com exemplos adequados.
9. Pegue numa flor de cada uma das famílias Fabaceae e Solanaceae e escreva a sua descrição semi-técnica. Depois de as estudar, desenha também o seu diagrama floral.
10. Descrever os vários tipos de placentação encontrados nas plantas com flor.
11. O que é uma flor? Descreve as partes de uma flor típica de uma angiosperma.
12. Como é que as várias modificações das folhas ajudam as plantas?
13. Definir o termo inflorescência. Explicar a base dos diferentes tipos de inflorescência nas plantas com flor.
14. Escreva a fórmula floral de uma flor actinomorfa, bissexual, hipógina, com cinco sépalas unidas, cinco pétalas livres, cinco estames livres e dois cálices unidos, com ovário superior e placentação axilar.
15. Descrever a disposição dos membros florais em relação à sua inserção no tálamo.

6.4. Anatomia das plantas com flor

Podemos ver facilmente as semelhanças estruturais e as variações na morfologia externa dos grandes organismos vivos, tanto plantas como animais. Da mesma forma, se estudarmos a estrutura interna, também encontramos várias semelhanças e diferenças. Este capítulo apresenta a estrutura interna e a organização funcional das plantas superiores. O estudo da estrutura interna das plantas é chamado de anatomia. As plantas têm células como unidade básica, as células estão organizadas em tecidos e, por sua vez, os tecidos estão organizados em órgãos. Os diferentes órgãos de uma planta apresentam diferenças na sua estrutura interna. Nas angiospérmicas, as monocotiledóneas e as dicotiledóneas são também anatomicamente diferentes. As estruturas internas também mostram adaptações a diversos ambientes.

6.4.1. **Os tecidos**

Um tecido é um grupo de células com uma origem comum e que desempenha normalmente uma função comum. Uma planta é constituída por diferentes tipos de tecidos. Os tecidos são classificados em dois grupos principais, nomeadamente, tecidos meristemáticos e tecidos permanentes, com base no facto de as células que estão a ser formadas serem capazes de se dividir ou não.

6.4.1.1 Tecidos Meristemáticos

O crescimento das plantas está em grande parte limitado a regiões especializadas de divisão celular ativa, denominadas meristemas (*Gk. meristos*: dividido). As plantas têm diferentes tipos de meristemas. Os meristemas que ocorrem nas pontas das raízes e dos rebentos e produzem tecidos primários são chamados meristemas apicais (Figura 92).

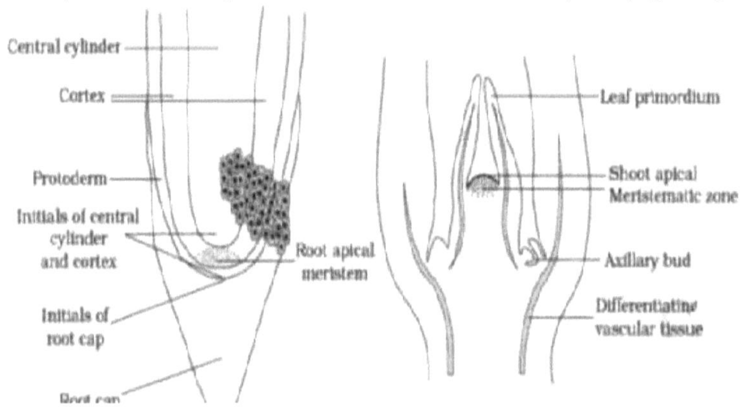

Figura 92. Meristema apical: (a) Raiz (b) Rebento

O meristema apical da raiz ocupa a ponta de uma raiz, enquanto o meristema apical do rebento ocupa a região mais distante do eixo do caule. Durante a formação das folhas e o alongamento do caule, algumas células "deixadas para trás" do meristema apical do rebento constituem o botão axilar. Estes botões estão presentes nas axilas das folhas e são capazes de formar um ramo ou uma flor. O meristema que ocorre entre os tecidos maduros é conhecido como meristema intercalar. Ocorrem em gramíneas e regeneram partes removidas pelos herbívoros que pastam. Tanto os meristemas apicais como os intercalares são meristemas primários porque aparecem no início da vida de uma planta e contribuem para a formação do corpo primário da planta.

O meristema que ocorre nas regiões maduras das raízes e dos rebentos de muitas plantas, em particular nas que produzem eixos lenhosos, e que aparece mais tarde do que o meristema primário, chama-se meristema secundário ou lateral. São meristemas cilíndricos. O câmbio vascular fascicular, o câmbio inter-fascicular e o câmbio corticeiro são exemplos de meristemas laterais. Estes são responsáveis pela produção dos tecidos secundários. Após as divisões das células, tanto nos meristemas primários como nos secundários, as células recém-formadas tornam-se estrutural e funcionalmente especializadas e perdem a capacidade de se dividir. Essas células são denominadas células permanentes ou maduras e constituem os tecidos permanentes. Durante a formação do corpo primário da planta, regiões específicas do meristema apical produzem tecidos dérmicos, tecidos moídos e tecidos vasculares.

6.4.1.2 Tecidos permanentes

As células dos tecidos permanentes geralmente não se dividem mais. Os tecidos permanentes com todas as células semelhantes em termos de estrutura e função são designados por tecidos simples. Os tecidos permanentes com muitos tipos diferentes de células são designados por tecidos complexos.

6.4.1.3. Tecidos simples

Um tecido simples é constituído apenas por um tipo de células. Os vários tecidos simples nas plantas são o parênquima, o colênquima e o esclerênquima. O parênquima é o principal componente dos órgãos. As células do parênquima são geralmente isodiamétricas. Podem ter forma esférica, oval, redonda, poligonal ou alongada. As suas paredes são finas e compostas por celulose. Podem estar muito compactados ou ter pequenos espaços intercelulares. O parênquima desempenha várias funções, como a fotossíntese, o armazenamento e a secreção. O colênquima ocorre em camadas abaixo da epiderme na maioria das plantas dicotiledóneas. Pode ser encontrado como uma camada homogénea ou em manchas. É constituído por células que estão muito espessadas nos cantos devido à deposição de celulose, hemicelulose e pectina. As células colenquimatosas podem ser ovais, esféricas ou poligonais e contêm frequentemente cloroplastos. Estas células assimilam alimentos quando contêm cloroplastos. Os espaços intercelulares estão ausentes. Fornecem suporte mecânico às partes em crescimento da planta, como o caule jovem e o pecíolo de uma folha.

O esclerênquima é constituído por células longas e estreitas, com paredes celulares espessas e lignificadas, com algumas ou numerosas pontuações. Geralmente estão mortas e não possuem protoplastos. Com base na variação da forma, estrutura, origem e desenvolvimento, o esclerênquima pode ser constituído por fibras ou esclereides. As fibras são células de paredes espessas, alongadas e pontiagudas, geralmente ocorrendo em grupos, em várias partes da planta. As esclereídes são células mortas esféricas, ovais ou cilíndricas, altamente espessadas, com cavidades muito estreitas (lúmen). Encontram-se habitualmente nas paredes dos frutos de casca rija; na polpa de frutos como a goiaba, a pera e a sapota; no revestimento das sementes de leguminosas e nas folhas de chá. O esclerênquima fornece suporte mecânico aos órgãos.

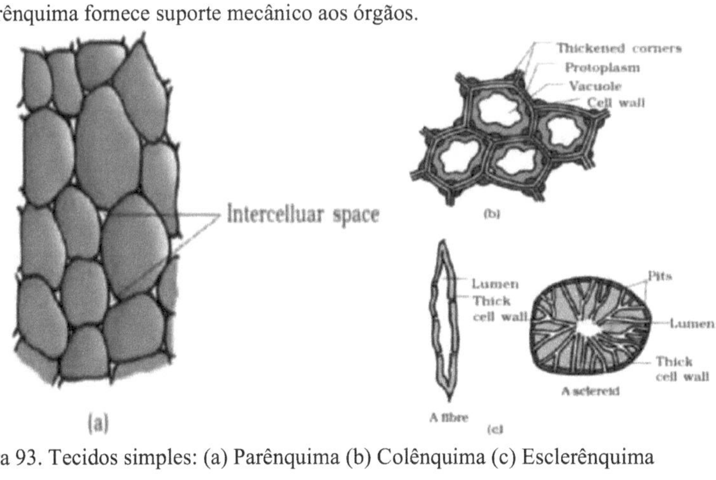

Figura 93. Tecidos simples: (a) Parênquima (b) Colênquima (c) Esclerênquima

6.4.1.4. Tecidos complexos

Os tecidos complexos são constituídos por mais do que um tipo de células e estas funcionam em conjunto como uma unidade. O xilema e o floema constituem os tecidos complexos das plantas. O xilema funciona como um tecido condutor de água e minerais desde as raízes até ao caule e às folhas. Também fornece resistência mecânica às partes da planta. É composto por quatro tipos diferentes de elementos, nomeadamente, traqueídos, vasos, fibras do xilema e parênquima do xilema. As gimnospérmicas não possuem vasos no seu xilema. Os traqueídos são células alongadas ou semelhantes a tubos, com paredes espessas e lenhificadas e extremidades afiladas. Estas células estão mortas e não têm protoplasma. As camadas internas das paredes celulares têm espessamentos que variam em forma. Nas plantas com flores, os traqueídos e os vasos são os principais elementos de transporte de água. O vaso é uma estrutura cilíndrica longa, semelhante a um tubo, constituída por muitas células chamadas membros do vaso, cada uma com paredes lenhificadas e uma grande cavidade central. As células dos vasos são também desprovidas de protoplasma.

Os membros dos vasos estão interligados através de perfurações nas suas paredes comuns. A presença de vasos é uma caraterística das angiospérmicas. As fibras do xilema têm paredes muito espessadas e lúmens centrais obliterados. Estes podem ser septados ou asseptados. As células do parênquima do xilema são vivas e de paredes finas, e as suas paredes celulares são constituídas por celulose. Armazenam materiais alimentares sob a forma de amido ou gordura, e outras substâncias como os taninos. A condução radial da água é efectuada pelas células parenquimatosas dos raios. O xilema primário é de dois tipos - protoxilema e metaxilema. Os primeiros elementos formados do xilema primário são chamados de protoxilema e o xilema primário formado mais tarde é chamado de metaxilema. Nos caules, o protoxilema situa-se no centro (medula) e o metaxilema situa-se na periferia do órgão. Este tipo de xilema primário é chamado de endarca. Nas raízes, o protoxilema situa-se na periferia e o metaxilema no centro. Esta disposição do xilema primário é designada por exarca. O floema transporta materiais alimentares, geralmente das folhas para outras partes da planta. Nas angiospérmicas, o floema é composto por elementos de tubo crivado, células companheiras, parênquima do floema e fibras do floema. As gimnospérmicas têm células albuminosas e células crivosas.

Não possuem tubos crivosos e células companheiras. Os elementos dos tubos crivados são também estruturas longas, semelhantes a tubos, dispostas longitudinalmente e associadas às células companheiras. As suas paredes terminais são perfuradas de forma semelhante a uma peneira para formar as placas de peneira. Um elemento de peneira maduro possui um citoplasma periférico e um grande vacúolo, mas não possui um núcleo. As funções dos tubos crivosos são controladas pelo núcleo das células companheiras. As células companheiras são células parenquimatosas especializadas, que estão intimamente associadas aos elementos do tubo crivado. Os elementos do tubo crivado e as células companheiras estão ligados por campos de fossas presentes entre as suas paredes longitudinais comuns. As células companheiras ajudam a manter o gradiente de pressão nos tubos crivosos. O parênquima do floema é constituído por células cilíndricas alongadas e afiladas, com citoplasma e núcleo densos. A parede celular é composta por celulose e tem buracos através dos quais existem ligações plasmodesmáticas entre as células. O parênquima do floema armazena material alimentar e outras substâncias como resinas, látex e mucilagem. O parênquima do floema está ausente na maioria das monocotiledóneas. As fibras do floema (fibras liberianas) são constituídas por células esclerenquimatosas. Estas estão geralmente ausentes no floema primário, mas encontram-se no floema secundário. São muito alongadas, não ramificadas e têm ápices pontiagudos, semelhantes a agulhas. A parede celular das fibras do floema é bastante espessa. Na maturidade, estas fibras perdem o seu protoplasma e tornam-se mortas. As fibras do floema da juta, do linho e do cânhamo são utilizadas comercialmente. O primeiro floema primário formado consiste em tubos de peneira estreitos e é referido como protofloema e o floema formado mais tarde tem tubos de peneira maiores e é referido como metafloema.

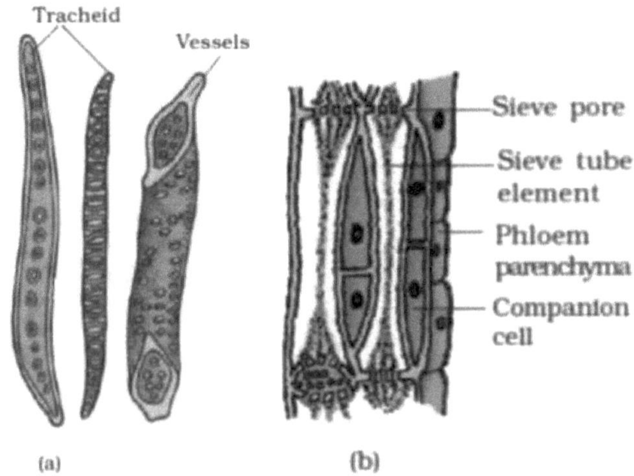

Figura 94. Tecidos vasculares: (a) Xilema (b) Floema

6.5. O sistema de tecidos

Estávamos a discutir os tipos de tecidos com base nos tipos de células presentes. Vamos agora considerar como os tecidos variam consoante a sua localização no corpo da planta. A sua estrutura e função também dependem da localização. Com base na sua estrutura e localização, existem três tipos de sistemas de tecidos. Estes são o sistema de tecidos epidérmicos, o sistema de tecidos fundamentais e o sistema de tecidos vasculares ou condutores.

6.5.1. Sistema do tecido epidérmico

O sistema de tecidos epidérmicos forma a cobertura mais externa de todo o corpo da planta e inclui células epidérmicas, estomas e os apêndices epidérmicos - os tricomas e os pêlos. A epiderme é a camada mais externa do corpo vegetal primário. É constituída por células alongadas e compactamente dispostas, que formam uma camada contínua. A epiderme é geralmente de camada única. As células epidérmicas são parenquimatosas com uma pequena quantidade de citoplasma que reveste a parede celular e um grande vacúolo. O exterior da epiderme é frequentemente coberto por uma camada espessa de cera, denominada cutícula, que impede a perda de água. A cutícula está ausente nas raízes. Os estomas são estruturas presentes na epiderme das folhas. Os estomas regulam o processo de transpiração e as trocas gasosas. Cada estoma é composto por duas células em forma de feijão, conhecidas como células de guarda, que encerram o poro estomático. Nas gramíneas, as células de guarda têm a forma de um sino. As paredes exteriores das células de guarda (longe do poro estomático) são finas e as paredes interiores (em direção ao poro estomático) são muito espessas. As células de guarda possuem cloroplastos e regulam a abertura e o fecho dos estomas. Por vezes, algumas células epidérmicas, na vizinhança das células de guarda, tornam-se especializadas na sua forma e tamanho e são conhecidas como células subsidiárias. A abertura estomática, as células-guarda e as células subsidiárias circundantes são designadas em conjunto por aparelho estomático (Figura 95).

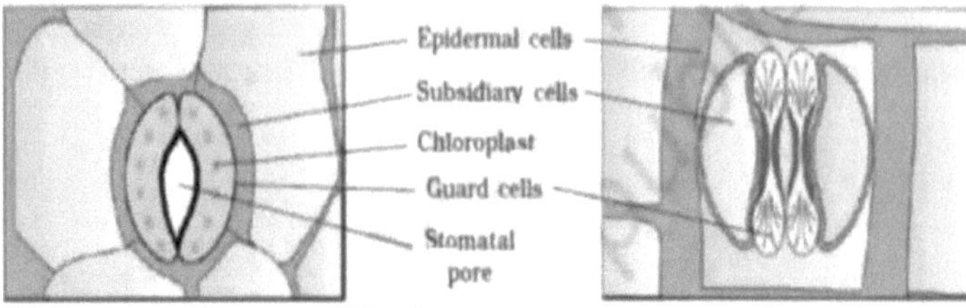

Figura 95. Representação esquemática dos estomas

NB: (a) Estomas com células de guarda em forma de feijão (b) Estomas com células de guarda em forma de sino

As células da epiderme apresentam um certo número de pêlos. Os pêlos radiculares são alongamentos unicelulares das células epidérmicas e ajudam a absorver a água e os minerais do solo. No caule, os pêlos epidérmicos são chamados tricomas. Os tricomas no sistema de rebentos são geralmente multicelulares. Podem ser ramificados ou não ramificados e macios ou rígidos. Podem até ser secretores. Os tricomas ajudam a evitar a perda de água devido à transpiração.

6.5.2 O sistema de tecidos do solo

Todos os tecidos, com exceção da epiderme e dos feixes vasculares, constituem o tecido do solo. É constituído por tecidos simples como o parênquima, o colênquima e o esclerênquima. As células parenquimatosas estão geralmente presentes no córtex, periciclo, medula e raios medulares, nos caules primários e nas raízes. Nas folhas, o tecido do solo é constituído por células com cloroplastos de paredes finas e é designado por mesofilo.

6.5.3 O sistema de tecido vascular

O sistema vascular é constituído por tecidos complexos, o floema e o xilema. O xilema e o floema juntos constituem os feixes vasculares (Figura 96). Em caules de dicotiledóneas, o câmbio está presente entre o floema e o xilema. Estes feixes vasculares, devido à presença de câmbio, possuem a capacidade de formar tecidos secundários de xilema e floema, e por isso são chamados feixes vasculares abertos. Nas monocotiledóneas, os feixes vasculares não possuem câmbio. Por isso, como não formam tecidos secundários, são designados por fechados. Quando o xilema e o floema dentro de um feixe vascular estão dispostos de forma alternada ao longo dos diferentes raios, a disposição é chamada radial, como nas raízes. Nos feixes vasculares do tipo conjunto, o xilema e o floema estão situados conjuntamente ao longo do mesmo raio dos feixes vasculares. Estes feixes vasculares são comuns nos caules e nas folhas. Os feixes vasculares conjuntos geralmente têm o floema localizado apenas no lado exterior do xilema.

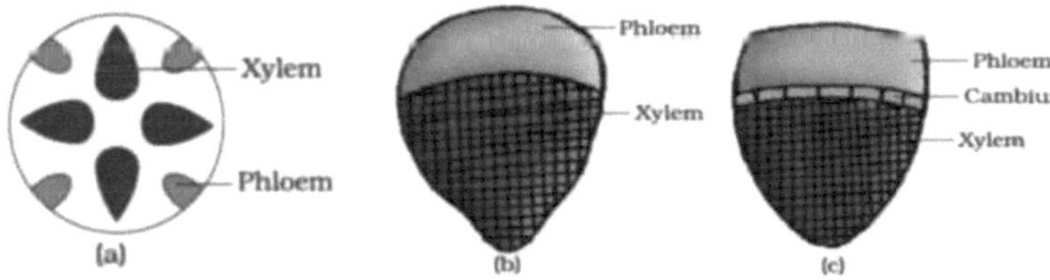

Figura 96. Vários tipos de feixes vasculares
NB: a) radial b) conjunto fechado c) conjunto aberto

6.6. Anatomia das plantas dicotiledóneas e monocotiledóneas

Para uma melhor compreensão da organização dos tecidos das raízes, caules e folhas, é conveniente estudar as secções transversais das zonas maduras destes órgãos.

6.6.1 Raiz de dicotiledóneas

Observe a Figura 6.6 (a), que mostra a secção transversal da raiz do girassol. A organização interna dos tecidos é a seguinte:

A camada mais externa é o epiblema. Muitas das células do epiblema sobressaem sob a forma de pêlos radiculares unicelulares. O córtex é constituído por várias camadas de células parenquimatosas de paredes finas com espaços intercelulares. A camada mais interna do córtex é denominada endoderme. É constituída por uma única camada de células em forma de barril sem quaisquer espaços intercelulares. As paredes tangenciais e radiais das células endodérmicas apresentam uma deposição de suberina, material ceroso impermeável à água, sob a forma de tiras casparianas. Junto à endoderme encontram-se algumas camadas de células parenquimatosas de paredes espessas, designadas por periciclo. O início das raízes laterais e do câmbio vascular durante o crescimento secundário tem lugar nestas células. A medula é pequena ou impercetível. As células parenquimatosas que se encontram entre o xilema e o floema são chamadas de tecido conjuntivo. Existem normalmente duas a quatro manchas de xilema e floema. Mais tarde, desenvolve-se um anel de câmbio entre o xilema e o floema. Todos os tecidos do lado interno da endoderme, como o periciclo, os feixes vasculares e a medula, constituem o estelo.

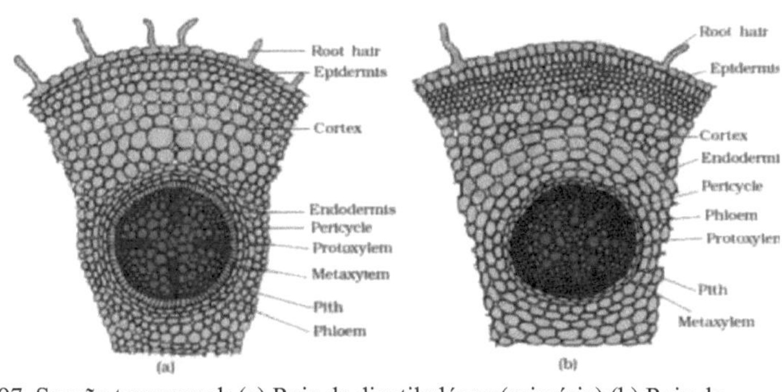

Figura 97. Secção transversal: (a) Raiz de dicotiledónea (primária) (b) Raiz de monocotiledónea

6.6.2 Raiz de Monocotiledóneas

A anatomia da raiz das monocotiledóneas é semelhante à das dicotiledóneas em muitos aspectos. Tem epiderme, córtex, endoderme, periciclo, feixes vasculares e medula. Em comparação com a raiz das dicotiledóneas, que tem menos feixes de xilema, na raiz das monocotiledóneas há geralmente mais de seis feixes de xilema (poliarco). A medula é grande e bem desenvolvida. As raízes das monocotiledóneas não sofrem qualquer crescimento secundário.

6.6.3 Caule de dicotiledóneas

A secção transversal de um caule típico de uma dicotiledónea jovem mostra que a epiderme é a camada protetora mais externa do caule. Coberta por uma fina camada de cutícula, pode conter tricomas e alguns estomas. As células dispostas em várias camadas entre a epiderme e o periciclo constituem o córtex. Este é constituído por três subzonas. A hipoderme externa é constituída por algumas camadas de células colenquimatosas logo abaixo da epiderme, que conferem resistência mecânica ao caule jovem.

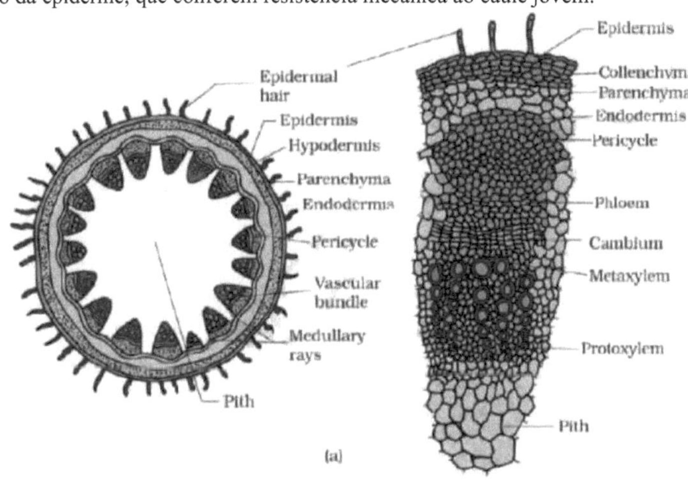

Figura 98. Secção transversal do caule de uma dicotiledónea

As camadas corticais abaixo da hipoderme são constituídas por células parenquimatosas arredondadas e de paredes finas, com espaços intercelulares evidentes. A camada mais interna do córtex é denominada endoderme. As células da endoderme são ricas em grãos de amido e esta camada é também designada por bainha de amido. O periciclo está presente no lado interno da endoderme e acima do floema, sob a forma de manchas semi-lunares de esclerênquima. Entre os feixes vasculares existem algumas camadas de células parenquimatosas dispostas radialmente, que constituem os raios medulares. Um grande número de feixes vasculares estão dispostos em anel; a disposição em anel dos feixes vasculares é uma caraterística do caule das dicotiledóneas. Cada feixe vascular é conjunto, aberto e com endarco

protoxilema. A medula é constituída por um grande número de células parenquimatosas arredondadas, com grandes espaços intercelulares, que ocupam a parte central do caule.

6.6.4 Caule de monocotiledóneas

O caule das monocotiledóneas tem uma hipoderme esclerenquimatosa, um grande número

de feixes vasculares dispersos, cada um rodeado por uma bainha esclerenquimatosa, e um grande e conspícuo tecido parenquimatoso no solo. Os feixes vasculares são conjuntos e fechados. Os feixes vasculares periféricos são geralmente mais pequenos do que os centralmente localizados. O parênquima do floema está ausente,
e cavidades contendo água estão presentes no interior dos feixes vasculares.

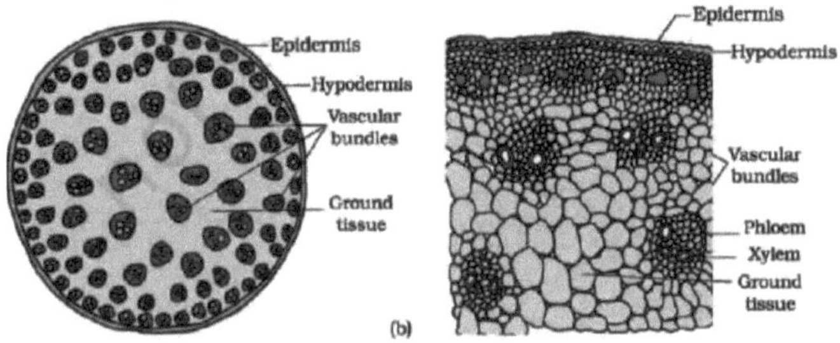

Figura 99. Secção transversal do caule de Monocot

6.6.5 Folha dorsi-ventral (Dicotiledónea)

A secção vertical de uma folha dorsiventral através da lâmina mostra três partes principais, nomeadamente, a epiderme, o mesofilo e o sistema vascular. A epiderme, que cobre tanto a superfície superior (epiderme adaxial) como a superfície inferior (epiderme abaxial) da folha, tem uma cutícula bem visível. A epiderme abaxial apresenta geralmente mais estomas do que a epiderme adaxial. Esta última pode mesmo não ter estomas. O tecido entre a epiderme superior e a inferior é denominado mesofilo. O mesofilo, que possui cloroplastos e efectua a fotossíntese, é constituído por parênquima. Tem dois tipos de células - o parênquima paliçádico e o parênquima esponjoso. O parênquima paliçádico, situado adaxialmente, é constituído por células alongadas, dispostas verticalmente e paralelas entre si. O parênquima esponjoso, de forma oval ou arredondada e de disposição frouxa, situa-se abaixo das células em paliçada e estende-se até à epiderme inferior.
Existem numerosos espaços amplos e cavidades de ar entre estas células. O sistema vascular inclui feixes vasculares, que podem ser vistos nas nervuras e na nervura central. O tamanho dos feixes vasculares depende do tamanho das nervuras. As nervuras variam em espessura na venação reticulada das folhas das dicotiledóneas. Os feixes vasculares estão rodeados por uma camada de células da bainha do feixe, com paredes espessas. Observa (a) e encontra a posição do xilema no feixe vascular.

6.6.6 Folha isobilateral (Monocotiledónea)

A anatomia da folha isobilateral é semelhante à da folha dorsi-ventral em muitos aspectos. Apresenta as seguintes diferenças caraterísticas. Numa folha isobilateral, os estomas estão presentes em ambas as superfícies da epiderme; e o mesofilo não está diferenciado em parênquima paliçádico e esponjoso. Nas gramíneas, certas células epidérmicas adaxiais ao longo das nervuras modificam-se em células grandes, vazias e incolores. São as chamadas células bulliformes. Quando as células bulliformes das folhas absorveram água e estão túrgidas, a superfície da folha fica exposta. Quando estão flácidas devido ao stress hídrico, fazem com que as folhas se enrolem para dentro para minimizar a perda de água. A venação paralela nas folhas das monocotiledóneas reflecte-se nos tamanhos quase semelhantes dos feixes vasculares (exceto nas nervuras principais)
como se vê nas secções verticais das folhas.

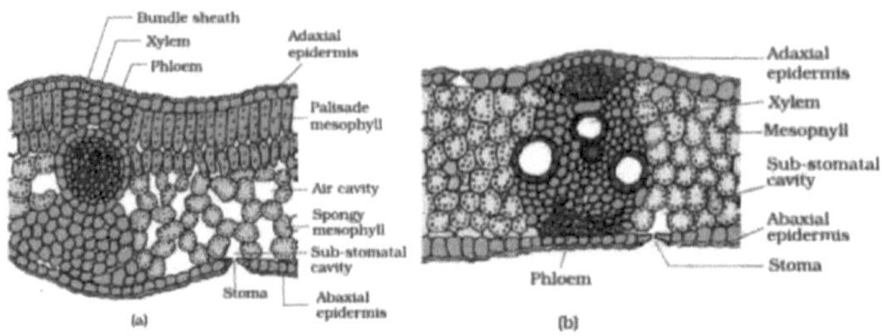

Figura 100. Secção transversal da folha: (a) Dicotiledóneas (b) Monocotiledóneas

6.7. Crescimento secundário

O crescimento das raízes e caules em comprimento com a ajuda do meristema apical é chamado de crescimento primário. Para além do crescimento primário, a maior parte das plantas dicotiledóneas apresentam um aumento em perímetro. Este aumento é designado por crescimento secundário. Os tecidos envolvidos no crescimento secundário são os dois meristemas laterais: o câmbio vascular e o câmbio da cortiça.

6.7.1. **Câmbios vasculares**

A camada meristemática que é responsável pelo corte dos tecidos vasculares - xilema e floema - é chamada de câmbio vascular. No caule jovem, está presente em manchas como uma única camada entre o xilema e o floema. Mais tarde, forma um anel completo.

6.7.1.1 Formação do anel cambial

Nos caules das dicotiledóneas, as células do câmbio presentes entre o xilema primário e o floema primário constituem o câmbio intrafascicular. As células dos raios medulares, adjacentes a este câmbio intrafascicular, tornam-se meristemáticas e formam o câmbio interfascicular. Assim, forma-se um anel contínuo de câmbio.

6.7.1.2 Atividade do anel cambial

O anel cambial torna-se ativo e começa a cortar novas células, tanto para o lado interior como para o exterior. As células cortadas em direção à medula amadurecem em xilema secundário e as células cortadas em direção à periferia amadurecem em floema secundário. O câmbio é geralmente mais ativo no lado interior do que no exterior. Como resultado, a quantidade de xilema secundário produzido é maior do que o floema secundário e rapidamente forma uma massa compacta. Os floemas primário e secundário são gradualmente esmagados devido à contínua formação e acumulação de xilema secundário. No entanto, o xilema primário permanece mais ou menos intacto, no centro ou à volta dele. Em alguns locais, o câmbio forma uma faixa estreita de parênquima, que atravessa o xilema secundário e o floema secundário nas direcções radiais. Estes são os raios medulares secundários.

6.7.1.3 Madeira de primavera e madeira de outono

A atividade do câmbio está sob o controlo de muitos factores fisiológicos e ambientais. Nas regiões temperadas, as condições climatéricas não são uniformes ao longo do ano. Na primavera, o câmbio está muito ativo e produz um grande número de elementos xilares com vasos com cavidades mais largas. A madeira formada durante esta estação é designada por madeira de primavera ou madeira inicial. No inverno, o câmbio é menos ativo e forma menos elementos xilares com vasos estreitos, e esta madeira é designada por madeira de outono ou madeira tardia. A madeira de primavera tem uma cor mais clara e uma densidade mais baixa, enquanto a madeira de outono é mais escura e tem uma densidade mais elevada. Os dois tipos de madeira que aparecem como anéis concêntricos alternados constituem um anel anual. Os anéis anuais observados num tronco cortado dão uma estimativa da idade da árvore.

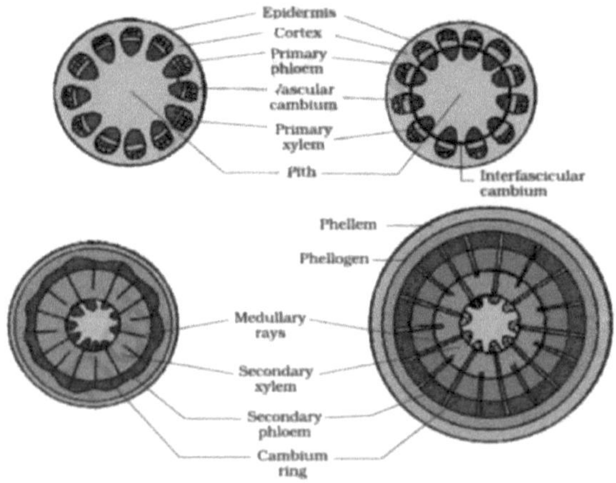

Figura 101. Crescimento secundário num caule de dicotiledóneas (diagrama) - fases em vistas transversais

6.7.1.4 Cerne e alburno

Nas árvores velhas, a maior parte do xilema secundário é castanho-escuro devido à deposição de compostos orgânicos como taninos, resinas, óleos, gomas, substâncias aromáticas e óleos essenciais nas camadas centrais ou mais internas do caule. Estas substâncias tornam-no duro, durável e resistente ao ataque de microrganismos e insectos. Esta região é constituída por elementos mortos com paredes muito lenhificadas e designa-se por cerne. O cerne não conduz água, mas dá suporte mecânico ao caule. A região periférica do xilema secundário é de cor mais clara e é conhecida como alburno. Está envolvida na condução de água e minerais da raiz para a folha.

6.7.2. **Câmbios de cortiça**

À medida que o caule continua a aumentar em perímetro devido à atividade do câmbio vascular, as camadas exteriores do córtex e da epiderme são quebradas e precisam de ser substituídas para fornecer novas camadas de células protectoras. Assim, mais cedo ou mais tarde, desenvolve-se outro tecido meristemático chamado cork cambium ou felogénio, geralmente na região do córtex. O felogénio tem uma espessura de duas camadas. É constituído por células estreitas, de paredes finas e quase rectangulares. O felogénio corta as células de ambos os lados. As células exteriores diferenciam-se em cortiça ou felme, enquanto as células interiores se diferenciam em córtex secundário ou feloderme. A cortiça é impermeável à água devido à deposição de suberina na parede celular. As células do córtex secundário são parenquimatosas. O felogénio, o felme e a feloderme são conhecidos coletivamente como periderme. Devido à atividade do câmbio da cortiça, a pressão acumula-se nas restantes camadas periféricas ao felogénio e, por fim, estas camadas morrem e desprendem-se. A casca é um termo não técnico que se refere a todos os tecidos exteriores ao câmbio vascular, incluindo, portanto, o floema secundário.

A casca refere-se a um certo número de tipos de tecidos, nomeadamente a periderme e o floema secundário. A casca que se forma no início da estação é designada por casca inicial ou mole, e no final da estação forma-se a casca tardia ou dura. *Indique os diferentes tipos de camadas celulares que constituem a casca.* Em certas regiões, o felogénio corta as células parenquimatosas estreitamente dispostas no lado exterior em vez das células da cortiça. Estas células parenquimatosas rompem rapidamente a epiderme, formando aberturas em forma de lente, denominadas lenticelas. As lenticelas permitem a troca de gases entre a atmosfera exterior e o tecido interno do caule. Estas ocorrem na maioria das árvores lenhosas (Figura 102).

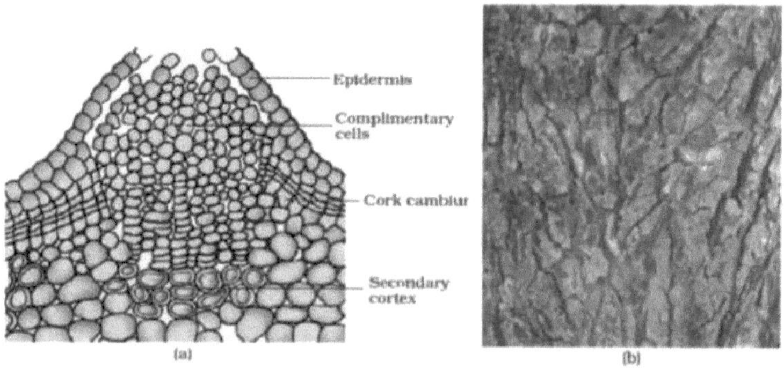

(a) (b)

Figura 102. O câmbio da cortiça: (a) Lenticela e (b) Casca

6.7.3. **Crescimento secundário em raízes**

Na raiz das dicotiledóneas, o câmbio vascular é de origem completamente secundária. Origina-se do tecido localizado logo abaixo dos feixes de floema, uma porção do tecido do periciclo, acima do protoxilema, formando um anel ondulado completo e contínuo, que mais tarde se torna circular. Outros eventos são semelhantes aos já descritos acima para um caule de dicotiledóneas. O crescimento secundário também ocorre em caules e raízes de gimnospermas. No entanto, o crescimento secundário não ocorre nas monocotiledóneas.

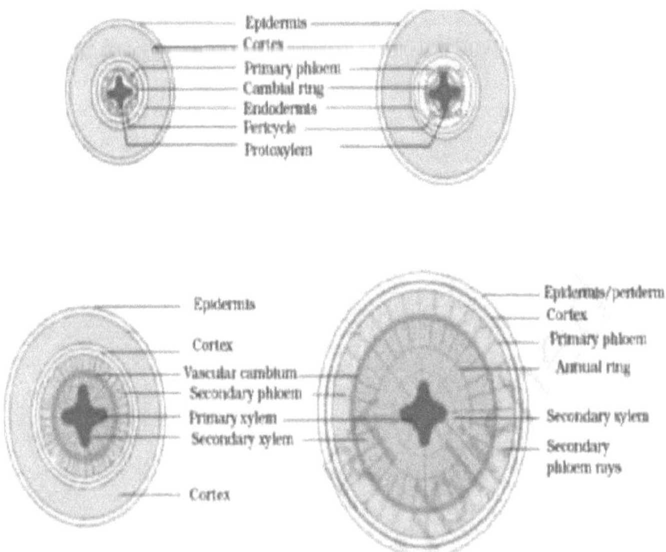

Figura 103. Diferentes fases do crescimento secundário numa raiz típica de dicotiledónea

RESUMO

Anatomicamente, uma planta é constituída por diferentes tipos de tecidos. Os tecidos vegetais são classificados em geral em meristemáticos (apicais, laterais e intercalares) e permanentes (simples e complexos). A assimilação de alimentos e o seu armazenamento, o transporte de água, minerais e fotossintatos e o suporte mecânico são as principais funções dos tecidos. Existem três tipos de sistemas de tecidos - epidérmico, terrestre e vascular. Os sistemas de tecidos epidérmicos são constituídos por células epidérmicas, estomas e apêndices epidérmicos. O sistema de tecidos do solo constitui a maior parte da planta. Está dividido em três zonas - córtex, periciclo e medula. O sistema de tecido vascular é formado pelo xilema e pelo floema. Com base na presença de câmbio, na localização do xilema e do floema, os feixes vasculares são de diferentes tipos. Os feixes vasculares formam o tecido condutor e translocam água, minerais e material alimentar.

As plantas monocotiledóneas e dicotiledóneas apresentam uma grande variação nas suas estruturas internas. Elas diferem no tipo, número e localização dos feixes vasculares. O crescimento secundário ocorre na maioria das raízes e caules das dicotiledóneas e aumenta a circunferência (diâmetro) dos órgãos através da atividade do câmbio vascular e do câmbio da cortiça. O lenho é, de facto, um xilema secundário. Existem diferentes tipos de madeira em função da sua composição e do momento da sua produção.

EXERCÍCIOS

1. Indicar a localização e a função dos diferentes tipos de meristemas.
2. O câmbio da cortiça forma os tecidos que formam a cortiça. Concordas com esta afirmação? Explica.
3. Explicar o processo de crescimento secundário nos caules das angiospérmicas lenhosas com a ajuda de diagramas esquemáticos. Qual é o seu significado?
4. Desenhar ilustrações para realçar a diferença anatómica entre

(a) Raiz de monocotiledóneas e raiz de dicotiledóneas

(b) Caule de monocotiledóneas e caule de dicotiledóneas

5. Corta uma secção transversal do caule jovem de uma planta do jardim da tua escola e observa-a ao microscópio. Como é que se pode determinar se se trata de um caule de monocotiledónea ou de dicotiledónea? Justifica a tua opinião.

6. A secção transversal de um material vegetal mostra as seguintes caraterísticas anatómicas - (a) os feixes vasculares são conjuntos, dispersos e rodeados por uma bainha esclerenquimatosa. (b) O parênquima do floema está ausente. Como é que o identificarás?

7. Porque é que o xilema e o floema são designados por tecidos complexos?

8. O que é o aparelho estomático? Explique a estrutura dos estomas através de um diagrama com etiquetas.

9. Indique os três sistemas de tecidos básicos das plantas com flor. Indicar os nomes dos tecidos de cada sistema.

10. Como é que o estudo da anatomia vegetal nos é útil?

11. O que é a periderme? Como se processa a formação da periderme nos caules das dicotiledóneas?

12. Descreva a estrutura interna de uma folha dorsiventral com a ajuda de diagramas rotulados.

6.8. Adaptação das plantas superiores a ambientes stressantes: Fisiologia do stress

O stress é geralmente definido como um fator externo que exerce uma influência desfavorável sobre a planta. Tanto em condições naturais como agrícolas, as plantas estão expostas a ambientes desfavoráveis que resultam num certo grau de stress. O défice hídrico, o stress térmico e o choque térmico, o arrefecimento e o congelamento, a salinidade e a deficiência de oxigénio são os principais factores de stress que restringem o crescimento das plantas, de tal modo que a biomassa ou os rendimentos agronómicos no final da estação expressam apenas uma fração do potencial genético da planta.

A capacidade das plantas para lidar com ambientes desfavoráveis é conhecida como resistência ao stress. As adaptações das plantas que conferem resistência ao stress, como o metabolismo CAM, são determinadas geneticamente. A aclimatação melhora a resistência como resultado da exposição prévia de uma planta ao stress. Os mecanismos de resistência à seca variam consoante o clima e as condições do solo. Os padrões de crescimento indeterminado, como o do sorgo e da soja, permitem que estas espécies tirem partido das chuvas tardias; as plantas com um padrão de crescimento determinado, como o do milho, carecem desta forma de resistência ao stress hídrico. A inibição da expansão foliar é uma das primeiras respostas ao stress hídrico, ocorrendo quando a diminuição do turgor resultante do défice hídrico reduz ou elimina a força motriz para a expansão celular e foliar.

Outros mecanismos de resistência ao stress em resposta ao stress hídrico incluem a abscisão das folhas, a extensão das raízes para solos mais profundos e húmidos e o fecho dos estomas. O stress causado pelo défice hídrico leva à expressão de conjuntos de genes envolvidos na aclimatação e adaptação ao stress. Estes genes medeiam as respostas celulares e de toda a planta aqui descritas. A deteção e ativação de cascatas de transdução de sinais que medeiam estas alterações na expressão genética envolvem tanto uma via dependente como uma via independente do ABA. O stress térmico e o choque térmico são causados por temperaturas elevadas. Algumas espécies CAM podem tolerar temperaturas de 60 a 65°C, mas a maioria das folhas sofre danos acima de 45°C. A temperatura das folhas que transpiram ativamente é geralmente inferior à temperatura do ar, mas o défice hídrico reduz a transpiração e provoca sobreaquecimento e stress térmico. O stress térmico inibe a fotossíntese e prejudica a função das membranas e a estabilidade das proteínas.

As adaptações que conferem resistência ao calor incluem respostas que diminuem a absorção de luz pelas folhas, como o enrolamento da folha, e uma diminuição no tamanho da folha que minimiza a resistência da camada limite e aumenta a perda de calor por condução. As proteínas de choque térmico sintetizadas a altas temperaturas actuam como chaperones moleculares que promovem a estabilização e a correta dobragem das proteínas celulares, e as respostas bioquímicas que conduzem ao pH e à homeostase metabólica estão também associadas à aclimatação e adaptação a aumentos rápidos de temperatura.

O stress por arrefecimento e congelamento resulta de temperaturas baixas. As lesões por arrefecimento ocorrem a temperaturas demasiado baixas para o crescimento normal, mas acima do ponto de congelação, e são típicas de espécies de origem tropical ou subtropical expostas a climas temperados. As lesões por frio incluem crescimento lento, lesões nas folhas e murchidão. A principal causa da maioria das lesões por arrefecimento é a perda de propriedades das membranas resultante de alterações na fluidez das mesmas. Os lípidos das membranas das plantas resistentes ao frio têm frequentemente uma maior proporção de ácidos gordos insaturados do que os das plantas sensíveis ao frio.

A lesão por congelação está associada principalmente a danos causados por cristais de gelo formados no interior de células e órgãos. As espécies resistentes à congelação possuem mecanismos que limitam o crescimento dos cristais de gelo para os espaços extracelulares. Os mecanismos que conferem a resistência ao congelamento típica das plantas lenhosas incluem a desidratação e o super-resfriamento. O stress do frio reduz a atividade da água e conduz a um stress osmótico no interior das células. Este efeito de stress osmótico leva à ativação de vias de sinalização relacionadas com o stress osmótico e à acumulação de proteínas envolvidas na aclimatação ao frio.

Outros genes específicos do frio e não relacionados com o stress osmótico são também activados. As plantas transgénicas que superexpressam os componentes de sinalização activados pelo stress por frio demonstram uma maior tolerância ao frio. O stress por salinidade resulta da acumulação de sal no solo.

Algumas espécies halófitas são altamente tolerantes ao sal, mas a salinidade deprime o crescimento e a fotossíntese em espécies sensíveis. Os danos causados pelo sal resultam de uma diminuição do potencial hídrico do solo que torna a água do solo menos disponível e da toxicidade de iões específicos acumulados em concentrações prejudiciais. As plantas evitam a lesão salina através da exclusão do excesso de iões das folhas ou da compartimentação dos iões nos vacúolos. Foram determinados alguns dos determinantes moleculares da exclusão de $Na+$ e da compartimentação vacuolar, e foi estabelecida uma via de sinalização, a via SOS, que regula a expressão destes genes envolvidos na homeostase iónica. A deficiência de oxigénio é típica de solos inundados ou alagados. A deficiência de oxigénio deprime o crescimento e a sobrevivência de muitas espécies. Por outro lado, as plantas de pântanos e pântanos, e culturas como o arroz, estão bem adaptadas para resistir à deficiência de oxigénio no ambiente radicular. A maioria dos tecidos das plantas superiores não pode sobreviver anaerobicamente, mas alguns tecidos, como o embrião e os coleóptilos do arroz, podem sobreviver durante semanas em condições anóxicas. Foram descobertas as vias metabólicas para resistir aos danos anóxicos e a sua regulação.

6.9. Importância ecológica e económica das plantas com sementes

6.9.1. Importância ecológica

A descrição da vegetação resolve um problema ecológico, para fins de conservação e gestão biológica, como contributo para as declarações de impacto ambiental, para monitorizar as práticas de gestão ou para fornecer a base para a previsão de possíveis alterações futuras na distribuição das espécies vegetais, relacionadas com os impactos humanos nos habitats através de práticas de utilização dos solos e também com o clima. Os estudos aplicados são aqueles em que os dados sobre a vegetação são recolhidos e analisados com o objetivo de fornecer informações relevantes para algum problema ecológico, muitas vezes relacionado com a conservação do ambiente e a gestão dos ecossistemas ou com a previsão de futuras alterações ambientais e ecológicas. Muitos exemplos de investigação incluem elementos de ambos.

6.9.2. Importância económica

Gimnospérmicas; Cicas:

Muitas cicadáceas em todo o mundo têm importância económica por serem utilizadas como fonte de amido alimentar (por vezes denominado sagu), tipicamente recolhido do ápice do tronco imediatamente antes de um fluxo de folhas ou de estruturas reprodutivas. Algumas cicadáceas, especialmente *a Cycas revoluta*, a palmeira-sagu, são plantadas para fins hortícolas.

Coníferas:

- As coníferas são quase todas arborescentes e a madeira é amplamente utilizada como madeira e como fonte de pasta para o fabrico de papel e indústrias afins.
- A forma de crescimento de uma conífera é frequentemente piramidal, sendo o eixo principal a principal fonte de madeira valiosa.

Angiospérmicas

- São de grande importância económica, sendo a fonte de muitas madeiras duráveis, da maioria dos nossos alimentos vegetais e de cerca de um quarto (em valor monetário) dos medicamentos comercializados.
- De acordo com a função de nutrição do embrião e da planta jovem, as células do endosperma maduro estão frequentemente cheias de materiais alimentares. Os hidratos de carbono, as gorduras e as proteínas estão presentes em várias formas lábeis.
- A ocorrência destes materiais é por vezes tão abundante que as sementes em causa adquirem grande importância económica.
- Os grãos de cereais, cujo endosperma produz amido e proteínas numa forma facilmente palatável para o ser humano, e as sementes oleaginosas, como a *Ricinus* (rícino) e a *Linum* (linhaça), são exemplos conhecidos.
- Os polímeros de manose (mananos) também ocorrem como produtos de reserva, sendo um exemplo peculiar fornecido pela *Phytelephas*, uma palmeira.
- O grande endosperma desta espécie torna-se tão fortemente endurecido por um manano que entra no comércio sob o nome de "marfim vegetal", outrora utilizado para o fabrico de botões e bolas de bilhar. Nalgumas plantas, nomeadamente nas orquídeas, o endosperma sofre apenas um desenvolvimento insignificante e noutras é notavelmente agressivo.

- Em *Pedicularis,* por exemplo, o endosperma produz haustórios que invadem o tecido tegumentar, levando eventualmente à sua reabsorção completa.

Key: A= *Impatiens tinctoria* (Masha and Tepi market), B, G & L= *Phoenix reclinata* (Tepi and Mash market), C & D= *Ozoroa pulcherima* (Tepi , Gecha and Masha Markets), E= *Trichillia dregeana* (Tepi, Gecha and Masha markets), F= *Echinops kebericho*,

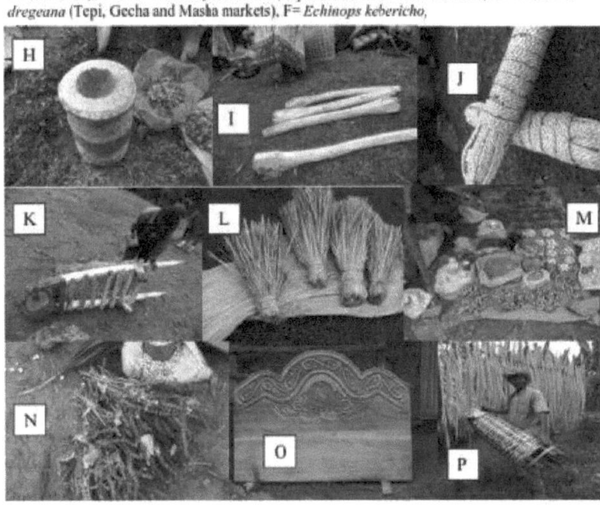

Key: H, I, K and O = Wood products of *Cordia africana*, *Pouteria adolfi-friedericii*, K= Rope made of bark of *Hibiscus ludwigii* (Malvaceae) and *Dombeya torida* (sterculaceae) species. M= Medicinal spices, N= *Ocimum basilicum*, P= Bee hive made of *Arundinaria alpina*

Figura 104. Alguma da importância económica das plantas de sementes utilizadas nos mercados locais da Etiópia

Algumas famílias de angiospérmicas economicamente importantes

Família Lauraceae

A importância económica inclui várias árvores de madeira, especiarias e outras plantas aromatizantes (incluindo a casca de *Cinnamomum cassia*, cássia, e *C. zeylanicum*, canela; óleos derivados de *C. camphora*, cânfora; e as folhas de *Laurus nobilis*, louro ou louro), e plantas alimentares, especialmente o abacate, *Persea americana*.

Família Annonaceae

As Annonaceae têm uma distribuição principalmente tropical. A importância económica inclui *Annona* spp. (por exemplo, *Annonan cherimola*, cherimoya/custard-apple) cultivadas pelos seus frutos comestíveis, espécies utilizadas para aroma ou madeira, e algumas plantas ornamentais cultivadas, por exemplo, *Polyalthia*.

Família Piperaceaes

Os membros da família distribuem-se em regiões tropicais e temperadas quentes, especialmente nas Américas. A importância económica inclui plantas ornamentais cultivadas, por exemplo, *Aristolochia* (cano holandês, flor de pelicano, erva-do-natal) e *Asarum* (gengibre selvagem), com algumas espécies utilizadas medicinalmente (*Aristolochia*, *Thottea*), algumas para curar mordeduras de cobra. Ver Kelly e Gonzalez (2003) para uma análise recente da família.

Família Piperaceae

Os membros da família distribuem-se nas regiões tropicais. A importância económica inclui a *Piper nigrum*, a fonte da pimenta preta e branca; outras espécies são utilizadas para aromatizantes, plantas medicinais, plantas eufóricas (por exemplo, *Piper methysticum*, kava) e plantas ornamentais cultivadas, por exemplo, *Peperomia* spp.

Família Araceae

Os membros da família distribuem-se em regiões tropicais e subtropicais. A importância económica inclui muitos taxa que são importantes fontes de alimento (a partir de porta-enxertos, folhas, sementes ou frutos) nos trópicos, por exemplo *Alocasia*, *Amorphophallus*, *Colocasia esculenta* (taro), *Monstera*, *Xanthosoma sagittifolium*; plantas indígenas medicinais, fibrosas (a partir de raízes) ou venenosas; e numerosas plantas ornamentais cultivadas, tais como *Aglaonema*, *Anthurium*, *Caladium* (orelha de elefante), *Dieffenbachia* (cana burra), *Epipremnum*, *Monstera*, *Philodendron*, *Spathiphyllum*, *Syngonium* e *Zantedeschia* (lírio de calla). *A Amorphophallus titanium* é única por ter uma das inflorescências mais maciças de qualquer planta com flor.

Família Agavaceae

A importância económica inclui a utilização pelas culturas indígenas como fonte de fibras, alimentos, bebidas, sabão e medicamentos. As folhas de *Agave sisalana* são a fonte de fibra de sisal e *A. fourcroydes* de henequen. Os rebentos floridos jovens fermentados e destilados da *Agave tequilana* são a principal fonte de tequila.

Família Alliaceae

A importância económica inclui plantas alimentares e aromatizantes importantes, incluindo a cebola (*Allium cepa*), o alho (*A. sativum*), o alho francês (*A. ampeloprasum*), o cebolinho (*A. schoenoprasum*) e outras espécies de *Allium*. O alho tem também propriedades medicinais documentadas. Vários taxa são utilizados como cultivares ornamentais.

Família Dioscoreaceae

A importância económica inclui várias espécies de *Dioscorea*, o inhame verdadeiro, que são fontes de alimentação muito importantes em muitas regiões tropicais e que são também uma fonte de saponinas esteroidais, utilizadas em produtos farmacêuticos em corticosteróides semi-sintéticos e hormonas sexuais (especialmente produtos anticoncepcionais) e utilizadas indigenamente como veneno ou sabão.

Família Musaceae

A importância económica inclui a utilização de frutos de *Musa* spp. como fonte de alimento (especialmente as formas triplóides de *Musa acuminata* e o híbrido triploide *Musa *paradisiaca*); *Musa textilis* (Manilahemp, abacA) e *Musa basjoo* são utilizadas como fonte de fibra para cordéis, têxteis e materiais de construção.

Família Zingiberaceae

A importância económica inclui a origem de importantes plantas de especiarias, por exemplo, *Curcuma* spp. incluindo *C. domestica* (curcuma), *Elettaria cardamomum* (cardamomo) e *Zingiber* spp. incluindo *Z. officinale* (gengibre); algumas espécies são cultivadas como plantas ornamentais cultivadas, por exemplo, *Alpinia* e *Hedychium*.

Família Bromeliaceae

A importância económica inclui utilizações como plantas frutíferas (por exemplo, *Ananas comosus*, ananás), plantas fibrosas e plantas ornamentais cultivadas

Família Fabaceae

As raízes de muitos membros têm uma associação simbiótica com bactérias fixadoras de azoto (*Rhizobium* spp.), que induzem a formação de nódulos radiculares (isto é especialmente comum nas Faboideae). Do ponto de vista económico, as leguminosas são um dos grupos de plantas mais importantes, sendo a fonte de numerosas leguminosas (como *Arachis hypogaea*, amendoim; *Glycine max*, soja; *Lens culinaris*, lentilha; *Phaseolus* spp, feijão; *Pisum sativum*, ervilhas); plantas aromatizantes (como *Ceratonia siliqua*, alfarroba), plantas forrageiras e de rotação do solo (como *Medicago sativa*, alfafa, ou *Trifolium* spp., trevos), óleos, árvores de madeira, gomas, corantes e insecticidas.

Família Poaceae

As Poaceae têm uma distribuição mundial. As gramíneas são talvez o grupo de plantas mais importante do ponto de vista económico, contendo os cereais agrícolas (fontes vitais de alimentos e bebidas alcoólicas), incluindo a cevada (*Hordeum*), o milho (*Zea*), a aveia (*Avena*), o arroz (*Oryza*), o centeio (*Secale*), o trigo (*Triticum*) e outros, bem como importantes plantas forrageiras e de pastagem. Os membros da família são também componentes importantes de muitos ecossistemas, como os prados e as savanas.

Família Solanaceae

A importância económica inclui muitas plantas comestíveis, tais como *Capsicum* (pimentos), *Lycopersicon esculentum* (tomate), *Physalis philadelphica* (tomatillo) e *Solanum tuberosum* (batata), bem como a infame *Nicotiana tabacum* (tabaco). Os alcalóides de vários taxa têm propriedades medicinais (por exemplo, atropina de *Atropa belladona*), propriedades alucinogénias (por exemplo, *Datura*, erva-do-Jimson), ou são venenos mortais (por exemplo, *Datura*, *Solanum* spp.) ou agentes cancerígenos conhecidos (por exemplo, *Nicotiana tabacum*); alguns são utilizados como cultivares ornamentais, outros são ervas daninhas nocivas.

7. INTRODUÇÃO ÀS TÉCNICAS DE HERBÁRIO

O herbário é uma coleção de plantas secas ou espécimes de plantas, sistematicamente organizadas, geralmente em termos geográficos ou alfabéticos, para referência. As plantas que **não podem** ser mantidas no estado **fresco** são preservadas. Os espécimes de plantas são **prensados** e **secos** entre folhas de papel liso e pesado por meio de **colas adesivas**. Os pedaços soltos de material vegetal, tais como **frutos e sementes**, são colocados num **envelope** anexado à folha de herbário. O material vegetal é então etiquetado com **o nome da planta** e o seu **habitat**, a **data** e **o local** de recolha, o nome do **colecionador** e outras informações pertinentes. O herbário é simultaneamente uma **coleção de plantas secas** e uma **instituição de ensino** e **investigação**. É um centro de referência para verificação de **identificações**, uma instalação **de documentação** e um armazém de **dados** (i.e. Armazenamento de material de referência, Identificação, Nome correto). Estes espécimes podem durar centenas de anos se forem devidamente cuidados e protegidos contra danos causados por **insectos**, **luz** e **humidade**.

Como são preparados os espécimes vegetais?

A prensa para plantas: Uma prensa de plantas normal é constituída por um tapete, blotters, cartão ondulado, placas de extremidade (para maior rigidez) e cintas de aperto (ou cordas) de jornal. Os blotters e os cartões não são maiores do que 29 por 43 cm (aproximadamente as dimensões de um jornal dobrado no qual os espécimes são prensados). Um cartão canelado ensanduichado entre dois blotters. Uma única folha de **jornal** dobrada, contendo o espécime a ser prensado, é colocada no **mata-borrão** e é adicionada outra "unidade"; este processo é repetido até que o tamanho da prensa se torne demasiado grande ou seja limitado pelo comprimento das correias ou das cordas (as prensas dos estudantes são normalmente mais pequenas devido à logística).

O livro de campo: Deve-se manter um livro de campo no qual se regista o **local** (estado, concelho, cidade, etc.), a **data** de recolha, **o habitat** e as plantas **associadas**, bem como **a cor** da flor, o padrão de ramificação e a altura da planta, caso essas caraterísticas não sejam evidentes na amostra prensada. A cada espécime deve ser atribuído um número de **coleção**. Numere as suas colecções consecutivamente, começando por "1" ou "01". Todos os espécimes da mesma espécie colhidos no mesmo local e no mesmo dia recebem o mesmo número de coleção.

Recolha Obter autorizações de recolha para florestas nacionais, parques estatais, etc., e obter permissão antes de entrar em propriedade privada. Para escavar (uma espátula) e cortar (uma **faca ou** uma **tesoura**), **sacos de plástico** para transportar e guardar os espécimes. Os sacos devem ser fechados, dobrados ou atados para que as plantas não murchem excessivamente. Recolher apenas espécimes com flores e/ou frutos (nada de espécimes "estéreis"!). No caso das plantas **herbáceas**, recolha a planta inteira, incluindo as raízes. Se o espécime for grande, algumas folhas ou mesmo secções do caule podem ser descartadas. Para as plantas **lenhosas**, cortar os ramos que incluem várias folhas maduras e flores e/ou frutos. **Não** recolher espécimes que pareçam ser muito raros. Recolha em duplicado - imprima um espécime para o seu herbário e utilize a segunda amostra fresca (para dissecação, se necessário) para identificar a espécie. **O frigorífico** mantém as plantas armazenadas em sacos herméticos frescas durante dias.

Prensagem e secagem: Os espécimes são prensados numa **prensa para plantas**, que consiste numa estrutura de madeira (para maior rigidez), ventiladores de cartão ondulado (para permitir a passagem de ar através da prensa), papel mata-borrão (para absorver a humidade) e papel dobrado, normalmente um jornal (para conter o material vegetal). A prensa para plantas é apertada com cintas com fivelas ou parafusos com porcas de orelhas. **O objetivo da prensagem das plantas** é **extrair a humidade** no mais curto espaço de tempo, preservando **a integridade morfológica da planta**, e **produzir material que possa ser facilmente montado** em papel de herbário (um cartão sem ácido) para armazenamento a longo prazo. A planta **não** deve ultrapassar o papel; dobrar o caule em forma de "V" ou "W", se necessário. O número de coleção é escrito na margem do jornal em que o espécime é prensado (o número é, evidentemente, também registado no caderno de campo); isto assegura a correspondência do espécime com a localidade, data, etc. apropriadas, mesmo que a identificação e etiquetagem sejam feitas muitos meses depois de a coleção ter sido feita. O **jornal** é colocado entre dois mata-borrões que, por sua vez, são ensanduichados entre duas placas de cartão canelado. **As lamelas** retiram a humidade das plantas e o cartão ondulado permite a passagem do ar húmido da prensa, o que acelera a secagem. As tiras são apertadas para garantir que as amostras secam de forma plana (sem rugas). Se a amostra for volumosa, isto é, se tiver caules lenhosos grossos ou frutos grandes, pode ser colocada uma almofada de espuma, como a que se usa debaixo de tapetes, entre o jornal e o mata-borrão. Se a planta for uma planta aquática de folhas finas ou tiver flores delicadas, pode ser melhor pressionada entre pedaços de papel encerado dentro do jornal. Isto evita que as partes da planta que estão a secar se colem ao jornal, mas o papel encerado torna a secagem mais lenta, pelo que só deve ser utilizado nestes casos especiais. Após a recolha do dia, a prensa é colocada num armário aquecido ou em frente de uma ventoinha para acelerar a secagem e o movimento do ar através das ondulações da prensa. Geralmente, quanto mais rápida for a secagem de uma planta, mais fiel será a preservação da sua cor.

A retenção da cor é por vezes perfeita, mas algumas plantas mudam de cor durante o processo de secagem. Os melhores resultados são obtidos com a utilização de um secador elétrico que segura as prensas e fornece um calor inferior constante entre 95°F e 113°F. A secagem rápida promove a melhor retenção da cor da planta, mas temperaturas excessivamente altas ou longos períodos de secagem podem resultar em espécimes enegrecidos, descoloridos e quebradiços.

Etiquetas Depois de a planta estar seca, prepara-se uma etiqueta para ser colada ao espécime. Determina-se a identidade da amostra e obtêm-se os restantes dados da etiqueta na caderneta de campo. Se o tamanho da planta for maior do que a amostra prensada, a sua altura pode ser indicada na etiqueta. A etiqueta deve sempre incluir pelo menos o nome científico (binomial) da planta, a localização (estado, concelho, área precisa), o nome do coletor e o número de coleção. Geralmente também se incluem informações sobre a abundância, o habitat e as associações de plantas.

Montagem (papel e cola): A montagem é o processo de afixar uma **planta seca prensada** e **o seu rótulo** numa folha de **papel pesado** (o papel de herbário padrão é de 11,5 X 16,5 polegadas) - (29cm x 43cm). Isto proporciona um **suporte físico que permite que o espécime seja manuseado e armazenado** com um mínimo de danos. Antes da fixação, o espécime e a sua etiqueta são dispostos no papel para permitir a máxima observação das caraterísticas de diagnóstico (geralmente reprodutivas), bem como a gama de variação das estruturas vegetativas, incluindo **ambos os lados das folhas.** As plantas são geralmente **colocadas numa disposição semelhante à da vida**. Ou seja, raízes ou caule inferior na parte inferior da folha e flores na parte superior.) Um **envelope ou pacote de papel** também deve ser anexado à folha para conter quaisquer fragmentos do espécime que se quebrem com o tempo. Uma vez determinada a disposição óptima do espécime, este é fixado à folha utilizando uma combinação de cola e tiras de fita de tecido de linho gomado. **A cola** é usada com moderação para fixar as partes maiores da planta, tais como caules, folhas grandes e frutos. Uma forma tradicional de montar espécimes consiste em pintar uma camada de **cola** numa placa de vidro grande, pressionar a planta sobre a cola e depois colocar a planta no papel para secar com uma etiqueta colada no canto inferior. Um pedaço de papel encerado e pesos apropriados podem ser colocados sobre o espécime montado (para serem removidos após a secagem) para assegurar o máximo contacto com a cola e um produto final relativamente plano.

Funções dos herbários

Os herbários desempenham uma ou mais das seguintes funções ou papéis Conservatório de material vegetal seco, registo arquivístico da flora de uma região, fonte de informação e diversidade botânica, registo de nomes de plantas, fornecedor de um serviço de apoio à comunidade: identificação de plantas, informação, educação, serviços de recolha para bioprospecção ou outros projectos especializados, formação de botânicos, investigação.

Diferentes tipos de herbários

Diferentes tipos de herbários, com base nos tipos de espécimes que albergam. Os herbários internacionais guardam espécimes de todo o mundo. Os herbários nacionais guardam espécimes de todas as regiões de um país específico. Os herbários regionais guardam espécimes de uma determinada região ou província de um país. Os herbários locais guardam espécimes de uma pequena área dentro de uma região ou província. Os herbários de ensino ou académicos estão ligados a um instituto de formação e são geralmente um local onde os estudantes depositam as suas colecções. Os herbários privados são mantidos por indivíduos ou estão ligados a terrenos privados, como quintas ou reservas naturais privadas. Os herbários de investigação albergam geralmente **espécimes** que representam um dos seguintes aspectos: Um campo de investigação específico, por exemplo, plantas medicinais, ervas daninhas ou plantas úteis; uma família distinta, por exemplo, Fabaceae ou Asteraceae; um grupo de plantas especializado, por exemplo, plantas aquáticas ou briófitas.

CAPÍTULO 8

8. COLECÇÕES DE HERBÁRIO

8.1. Tratamento do espécime colhido

Em grande medida, um herbário consiste nas suas colecções de espécimes de plantas preservadas. Este capítulo aborda os diferentes tipos de colecções e a forma como são estabelecidas e mantidas, bem como as formas como um herbário aumenta as suas colecções. Para além da coleção principal de espécimes prensados e montados, um herbário pode conter colecções de frutos e sementes, espécimes volumosos, amostras de madeira, briófitas, fungos, fósseis e material vegetal armazenado em conservantes. Ilustrações, fotografias e cópias de espécimes, bem como lâminas de microscópio, também fazem parte das colecções do herbário.

Tipos de colecções

As angiospérmicas são geralmente prensadas e depois armazenadas secas e montadas em folhas de cartão. Estes espécimes são empilhados uns sobre os outros e armazenados em prateleiras em armários. No entanto, algumas plantas ou organismos não podem ser montados e armazenados desta forma. Assim, para além da coleção principal, existem várias colecções auxiliares que contêm fósseis, fungos, líquenes e briófitas. Sementes, frutos e madeira são também armazenados para fins taxonómicos. Por vezes, os espécimes são conservados em produtos químicos líquidos em frascos de vidro. Estas colecções auxiliares são normalmente alojadas separadamente, exigindo que as colecções do herbário sejam divididas espacialmente.

Coleção principal

A coleção principal, constituída por angiospérmicas e pteridófitas, pode ou não incluir plantas cultivadas e gimnospérmicas; em alguns herbários, uma ou outra ou ambas estão alojadas separadamente. Os funcionários do herbário, funcionários de outros institutos locais e indivíduos recolhem a maioria dos espécimes incorporados na coleção principal do herbário. Alguns espécimes são ofertas ou são obtidos através de um sistema de intercâmbio com outros herbários. Os espécimes que foram utilizados para fins de investigação (por exemplo, estudos anatómicos ou ecológicos) são depositados nos herbários pelos investigadores para referência futura. São designados por espécimes de prova.

Coleção carpológica

Uma coleção carpológica é constituída por cones, frutos ou sementes e está alojada separadamente. Cada uma delas tem uma referência cruzada com a folha de herbário correspondente. Espécimes excecionalmente grandes, por exemplo, cones de cicadáceas, são melhor guardados em caixas. As melhores caixas são feitas de cartão duro revestido de tecido. O seu design deve ter uma frente com aba e uma tampa. A etiqueta do colecionador deve ser colada no exterior da caixa, ou a caixa pode ter uma ranhura para segurar a etiqueta. Nos herbários tropicais pode ser melhor guardar os espécimes em caixas metálicas, uma vez que estas são mais resistentes aos insectos. As sementes e os frutos, armazenados no herbário para fins taxonómicos, são guardados em caixas ou garrafas em armários metálicos com gavetas rasas. É vital que as sementes sejam mantidas secas para evitar a germinação. Os frutos carnosos podem também ser conservados como material de estudo. (Todas as sementes devem ter um exemplar na coleção principal; caso contrário, não têm valor para a investigação científica.

As sementes podem ser armazenadas para cultivo futuro ou reintrodução para fins de conservação, caso em que são necessárias condições especiais para manter a sua viabilidade. Para um armazenamento a curto prazo (dias, semanas ou meses), as sementes podem ser mantidas a 5°C (num frigorífico normal) num recipiente hermético com cristais de sílica para absorver a humidade. O armazenamento a longo prazo (mais de um ano) requer que as sementes sejam armazenadas a uma temperatura entre -20°C e -5°C. As sementes armazenadas não devem ser expostas ao calor ou à humidade, caso contrário germinarão ou tornar-se-ão inviáveis.

Espécimes volumosos

As partes volumosas das plantas, como as frondes das palmeiras, podem ser guardadas em pastas de arquivo ou em caixas com uma etiqueta colada no exterior.

Xilário

Uma coleção constituída apenas por espécimes de madeira é conhecida como xilário. A madeira pode ser armazenada com dois objectivos principais: um é fornecer amostras das quais podem ser retiradas secções para estudos anatómicos; outro é fornecer informações sobre as árvores para fins de identificação ou descrição. Os blocos de madeira podem ter um lado polido e o outro não polido, e é útil ter um pouco de casca anexada. Os blocos podem ser armazenados em armários ou gavetas. A maneira mais fácil de armazenar a madeira é catalogar os blocos e arquivá-los por ordem numérica. Para cada exemplar de madeira, deve haver um exemplar correspondente na coleção principal. Cada bloco deve ter um número de catálogo escrito nele e este número deve ser escrito na folha de herbário na qual o espécime de prova está montado. Sem esta referência cruzada, a coleção de madeira não tem qualquer valor. Se não existir uma coleção de madeira separada, podem ser montados pequenos pedaços de madeira em folhas de herbário.

Briófitas e líquenes

As briófitas e os líquenes não são montados em folhas de cartão como as outras plantas - são guardados em envelopes dobrados. (Para mais informações sobre a recolha e secagem de espécimes de briófitos, ver "Briófitos" e "Secagem de espécimes". Para mais informações sobre como armazenar briófitas e fazer envelopes, ver "Armazenamento de briófitas e líquenes").

Macrofungi

Os macrófagos devem ser armazenados inteiros ou cortados longitudinalmente. As impressões dos esporos e os desenhos das microestruturas devem ser armazenados com os espécimes. Os fungos são particularmente susceptíveis ao ataque de insectos e devem ser cuidadosamente desinfectados antes de serem armazenados. Armazenar os fungos de uma das seguintes formas:

- Em sacos de polietileno selados, com alguns cristais de sílica-gel para manter o espécime seco.
- Num exsicador sobre cloreto de cálcio.
- Em pequenas caixas de cartão contendo sílica gel, se o espécime for particularmente frágil.

Fósseis

Os fósseis são geralmente grandes e volumosos e são mais bem guardados em armários de arquivo metálicos; são ideais armários especialmente concebidos com gavetas pouco profundas com espaçamento ajustável. As gavetas devem ser forradas com uma camada fina de espuma de borracha. Cada fóssil deve ter uma pequena etiqueta com um número de catálogo. A informação sobre a coleção pode agora ser registada num livro ou no computador. Se o fóssil for muito pequeno, pode ser montado num cartão ou num pedaço maior de rocha da mesma localidade. As rochas podem ser guardadas por ordem estratigráfica e, dentro desta, por ordem de localidade. Dentro de cada localidade, os espécimes podem ser ordenados taxonomicamente. Em alternativa, os fósseis podem ser ordenados por tipo de órgão.

Coleção de espíritos

As estruturas muito carnudas ou delicadas ou as flores complexas, como as das Asclepiadoideae, são conservadas em produtos químicos líquidos ou "espíritos". A vantagem deste método de armazenamento é que a forma tridimensional do espécime é mantida. O material vegetal conservado desta forma pode ser utilizado para investigação anatómica e para tirar medidas de caraterísticas que encolhem quando o material vegetal é seco. Os espécimes são geralmente fixados para evitar a sua distorção anatómica, e depois armazenados em frascos com líquido de conservação, por exemplo, álcool ou aguardente industrial metilada (IMS). Para mais informações, ver "Fixadores". Ilustrações, fotografias e cópias de espécimes As ilustrações ou fotografias são úteis para fornecer um registo permanente do hábito, habitat e cores da planta. Impressões ou diapositivos podem ser usados em publicações e palestras. Podem revelar-se de grande valor se retratarem habitats tal como eram antes de serem destruídos ou espécies tal como eram antes de se extinguirem.

As fotografias, fotocópias ou imagens digitalizadas podem também registar espécimes de outros herbários, tais como tipos, espécimes históricos, novos taxa ou taxa não representados nas colecções. As ilustrações e fotografias devem ser montadas em folhas de herbário padrão. Cada impressão ou diapositivo deve ser etiquetado com a informação da coleção: nome, localidade, nome e número do colecionador, data, etc. Os trabalhos fotográficos resultantes de investigação, tais como estudos anatómicos, citológicos ou de MEV (microscópio eletrónico de varrimento), podem ser guardados com os espécimes de reserva. Podem ser guardados juntos num saco de plástico com fecho de correr. Os negativos devem ser guardados separadamente e com referências cruzadas. As fotografias podem ser arquivadas na coleção principal; no entanto, se for utilizado sublimado corrosivo para fumigação, as fotografias devem ser guardadas noutro local. Os diapositivos e negativos podem ser guardados em suportes especiais e arquivados num armário de arquivo com referências cruzadas aos espécimes do herbário, quando relevante.

Lâminas de microscópio

As lâminas com secções, tais como anatomia, pólen ou outras preparações para exame microscópico, são guardadas num armário especial com gavetas feitas para as conter. Podem ser numeradas em série e o número de série colocado na folha de herbário correspondente. Em alternativa, podem ser utilizados números de colecionador.

Alargar as colecções

Os espécimes que abrangem uma vasta gama de habitats da área de distribuição e variabilidade do táxon fornecerão mais informações sobre as relações entre os táxons. As colecções são alargadas de várias formas. **Recolha de plantas**

A recolha é a forma mais óbvia de expandir uma coleção de herbário. Qualquer pessoa com a licença necessária pode recolher plantas e doá-las a um herbário. Não se esqueça que existem diretrizes específicas sobre a forma como as plantas devem ser recolhidas, prensadas e secas para terem qualidade suficiente para serem guardadas como registo de arquivo. Para mais informações, consulte "Recolha de plantas" e "Prensagem e secagem". Quando os membros da equipa passam muito tempo no campo a fazer recolhas, estas constituem normalmente o corpo principal do material de investigação. Contudo, as viagens de campo são dispendiosas e demoradas e os herbários têm frequentemente de recorrer a outros métodos para obter espécimes. Os coleccionadores deveriam ser encorajados a recolher espécimes em duplicado. Desta forma, os conjuntos extra podem ser utilizados para troca, o que constitui outra forma de expandir a coleção.

Presentes

Os herbários podem doar espécimes duplicados a outros herbários. As ofertas de espécimes de herbário podem ser feitas gratuitamente ou em troca de identificações. Deste modo, a informação sobre as plantas torna-se acessível a todos e os resultados do estudo e da identificação são divulgados de forma permanente. Os indivíduos podem também doar espécimes não identificados aos herbários e, em troca, o herbário fornecer-lhes-á nomes. As ofertas são incorporadas no herbário, desde que os espécimes e as etiquetas sejam de qualidade suficiente. Se um funcionário de um herbário fizer uma viagem de recolha a uma região abrangida por outro herbário, é de boa etiqueta recolher e doar exemplares duplicados ao herbário da região. Por vezes, uma das condições associadas à emissão de uma licença de coleção é que o herbário da região receba duplicados de todos os espécimes recolhidos nessa região. São frequentes as ofertas de conjuntos de espécimes provenientes de investigações ou explorações efectuadas por botânicos sem filiação em herbários. Os botânicos serão encorajados a oferecer conjuntos de espécimes a herbários com reputação de investigação ativa e interesse em aumentar as colecções, particularmente se existir uma política que garanta que o material será mantido, cuidado e acessível.

Depósitos

A diferença entre uma oferta e um depósito de material é que, ao aceitar material em depósito, o herbário é obrigado a manter os espécimes na coleção. O herbário não pode descartá-los ou enviá-los para troca. Os espécimes valiosos que servem de comprovativos para registos publicados, por exemplo, investigações de plantas medicinais, trabalhos ecológicos ou provas legais, são frequentemente recebidos nestas condições. Os espécimes de prova são frequentemente feitos com muito cuidado e muitas vezes contêm informações valiosas que não estão normalmente disponíveis. Devem ser feitos todos os esforços para encorajar tais depósitos, especialmente porque são susceptíveis de estimular o interesse de botânicos não taxonómicos e outros cientistas pelo herbário.

Trocas

Os herbários podem ter sistemas de intercâmbio entre si - por cada espécime doado por um, o outro doa um espécime em troca. O material enviado para troca deve ser de tal qualidade que o herbário recetor tenha prazer em incorporá-lo na sua coleção. Os herbários envolvidos em sistemas de intercâmbio podem apresentar pedidos para determinados taxa ou regiões. Se for esse o caso, ter em conta esses pedidos aquando da triagem de duplicados. As políticas de intercâmbio devem ser suficientemente flexíveis para garantir que o material é enviado para o local onde é mais valioso, independentemente do "crédito" de intercâmbio da instituição em causa. Os herbários com uma política de poupança de espaço podem encorajar o envio de espécimes duplicados para outro local.

8.2. Métodos de campo em técnicas de herbário

Recolha de plantas: Os espécimes de herbário são recursos que podem fornecer uma grande quantidade de informações sobre os taxa de plantas, bem como sobre a flora e a vegetação de uma região. A qualidade dos espécimes determina o valor científico da coleção, e a recolha de bons espécimes é o primeiro passo para preparar espécimes de alto nível.

Coleccionadores: Normalmente, o pessoal do herbário recolhe a maior parte do material alojado no herbário. Além disso, o papel desempenhado pelos colectores externos é de grande importância para o desenvolvimento de um herbário. Devido a restrições orçamentais e à extensa região geográfica que muitas vezes tem de ser coberta, o pessoal do herbário não pode normalmente recolher com a intensidade necessária para uma cobertura abrangente de uma determinada área floral. Para serem eficazes em termos de custos, os funcionários do herbário tendem a recolher apenas durante a época alta (após boas chuvas, por exemplo), ou quando se sabe que o maior número de espécies está a florir.

Todos os colectores devem ser encorajados e formados para recolher e preparar espécimes de plantas de boa qualidade, acompanhados de etiquetas devidamente preenchidas. Desta forma, o herbário obtém o máximo de informação científica de cada espécime.

Profissionais

Os profissionais trabalham em instituições - por exemplo, universidades, technikons ou organizações de investigação - em áreas relacionadas com a taxonomia vegetal, como a conservação da natureza, paisagismo, levantamentos ecológicos ou controlo de ervas daninhas. Algumas destas instituições podem ter os seus próprios herbários; caso contrário, recorrem a herbários nacionais ou provinciais. Coleccionadores amadores e parataxonomistas Os botânicos amadores devem ser encorajados a enviar colecções para o herbário. Podem dar um contributo significativo recolhendo plantas raras e interessantes, em diferentes estações do ano ou em locais invulgares. O pessoal pode cooperar com os amadores, fornecendo-lhes a informação de que necessitam em troca de espécimes doados.

Estudantes

Muitas instituições de ensino exigem que os seus estudantes recolham espécimes de herbário como parte do seu trabalho de curso.

Tipos de recolha

A recolha de plantas varia de pessoa para pessoa e depende dos objectivos do colecionador: A investigação ou a recolha especializada para projectos de investigação taxonómica concentra-se em grupos específicos de plantas e limita-se geralmente a plantas de uma família, género ou espécie específicos. A recolha de espécimes para projectos citológicos ou anatómicos também se enquadra nesta categoria. É importante preparar espécimes de boa qualidade para garantir que a identidade do objeto de investigação possa ser sempre verificada. Os investigadores que estudam outros aspectos do ambiente, por exemplo, ervas daninhas para ensaios de herbicidas ou estudos de vegetação, também recolhem espécies vegetais. Nomes exactos de plantas e espécimes de reserva são importantes para esses projectos.

Coleção florística

A recolha florística consiste em recolher todas as espécies de plantas de uma determinada área. Essas áreas incluem regiões mal representadas num herbário específico ou áreas onde ocorreu um acontecimento invulgar (por exemplo, um incêndio após muitos anos de proteção contra incêndios ou chuvas invulgarmente fortes). Pode tratar-se de uma zona de interesse específico, por exemplo, uma reserva natural ou uma formação geológica específica. Se o objetivo de uma viagem de recolha for a recolha florística, o planeamento é essencial para evitar a recolha em zonas bem recolhidas, enquanto as zonas pouco recolhidas permanecem negligenciadas.

O que é que precisa? Antes de começar a recolher plantas, precisa de autorização de recolha, bem como do equipamento adequado, mapas, veículos e material de emergência. Esta secção descreve todos estes elementos
pré-requisitos em pormenor.

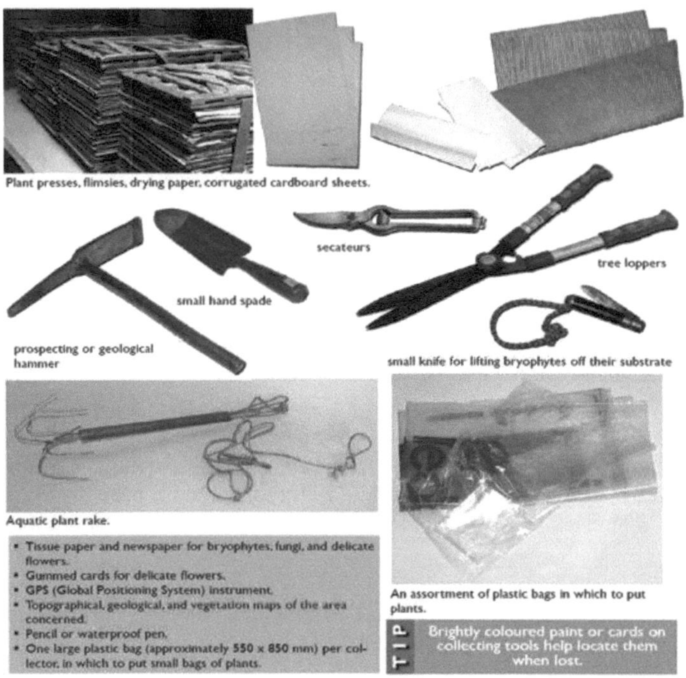

Figura. 105. Equipamento de recolha de plantas-I

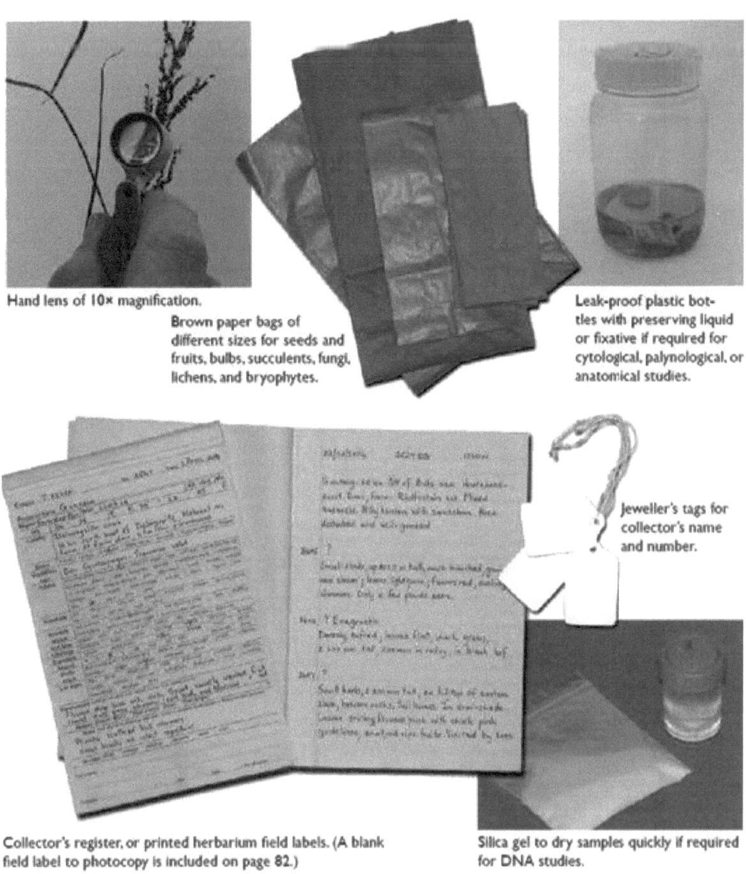

Figura. 106. Equipamento de recolha de plantas-II

Recolha de licenças

A maioria dos países é signatária da Convenção Internacional sobre a Diversidade Biológica. É aconselhável conhecer a legislação aplicável a uma determinada zona antes de proceder à recolha e obter as autorizações necessárias. Os regulamentos ou requisitos para as licenças podem variar de país para país, ou dentro das diferentes províncias de um país. As autorizações são necessárias mesmo para taxa não protegidos, sendo necessária uma autorização especial para taxa ameaçados e protegidos. Normalmente, é possível obter autorizações junto dos departamentos governamentais responsáveis pelo ambiente ou pelo controlo das plantas indígenas. Mesmo com a autorização necessária, é preciso fazer acordos prévios com os funcionários locais responsáveis pela área em que se pretende efetuar a recolha. É aconselhável apresentar o pedido de autorização com bastante antecedência, uma vez que o seu processamento pode demorar vários meses.

8.3. Orientações para a recolha de plantas

Siga estas diretrizes gerais:

- Não recolher ou transportar plantas sem uma licença de recolha.
- Para além da autorização, é necessário obter o consentimento do proprietário do

terreno antes de recolher plantas em propriedade privada.

- Normalmente, são necessárias autorizações adicionais para a recolha em reservas naturais provinciais, reservas naturais municipais ou privadas, parques nacionais, zonas florestais e reservas de caça.

Autorizações especiais

- Podem ser necessárias autorizações fitossanitárias para o transporte de plantas através das fronteiras de alguns países. Estas devem ser obtidas no país de origem.
- A legislação CITES (Convenção sobre o Comércio Internacional das Espécies Ameaçadas de Extinção) regula e controla o comércio internacional de material obtido a partir de plantas consideradas ameaçadas de extinção. O material científico não está isento desta legislação. Para a circulação de material inscrito na CITES, é necessária uma licença de exportação CITES do país de origem e uma licença de importação CITES da autoridade competente em matéria de conservação.

Manutenção de veículos

É muito importante manter a manutenção do veículo coletor em dia, o que reduz as possibilidades de uma avaria grave no terreno.

Material de emergência

- Estojo de primeiros socorros contendo elementos básicos como ligaduras, talas, soluções anti-sépticas, analgésicos, anti-histamínicos, um anti-emético para as náuseas, um anti-espasmódico para a diarreia, pó Essen para reidratação, pastilhas purificadoras de água e pomada para queimaduras.
- Deve haver água suficiente para beber para evitar a desidratação, para lavar as mãos, especialmente se se tratar de plantas venenosas, e para o veículo.
- Cada membro da equipa de recolha deve ter consigo uma caixa de fósforos para acender uma fogueira. No caso de se perderem, isso permitir-lhes-á produzir um sinal de fumo ou manterem-se quentes.
- Guia de identificação de serpentes.

O que recolher

Nunca é demais sublinhar a importância de recolher bons espécimes de plantas: bons espécimes são um pré-requisito para identificações exactas e para acrescentar valor a uma coleção de herbário.

- Recolher apenas plantas em flor ou fruto (se possível, ambos), uma vez que a maioria dos caracteres tradicionalmente utilizados para a identificação no herbário se encontram nestes órgãos.
- Fazer espécimes suficientemente grandes para apresentar uma boa amostra da planta, o seu modo de crescimento, ramificação, etc.
- Sempre que possível, recolher a planta inteira: um bom exemplar inclui todos os órgãos - partes subterrâneas, caules, folhas, flores e frutos. As partes basais das gramíneas, dos juncos, dos fetos e das plantas bolbosas são essenciais para a identificação.
- Ao recolher plantas de grande porte, como árvores, arbustos e ervas de grande porte, devem ser recolhidas partes representativas. Mostrar a gama completa de variação presente através da recolha de partes maduras e imaturas, folhas inferiores e superiores, botões e rebentos de talhadia.
- Os espécimes demasiado grandes para a folha de montagem podem ser dobrados, partidos ou cortados antes de serem prensados. Partes grandes ou complexas, tais como frondes de fetos ou folhas de cicadáceas, são recolhidas apenas em parte. A base, o meio e

o ápice são geralmente adequados para a maioria dos taxa.

- Muitas plantas desenvolvem folhas e flores em alturas diferentes. Cada fase distinta pode ser recolhida independentemente e prensada à medida que aparece. É necessário ter muito cuidado para recolher folhas e flores da mesma planta. (As plantas grandes, como as árvores e os arbustos, são geralmente marcadas in situ, enquanto as plantas mais pequenas podem ser colhidas e cultivadas.
- A identificação de muitos grupos de plantas depende de outros caracteres para além das flores e dos frutos. Descubra que caracteres são importantes para várias famílias ou géneros (Fish 1999).
- É possível obter informações valiosas através da recolha da mesma espécie em diferentes habitats, em diferentes localidades e em diferentes estações do ano (com diferentes números de colectores).
- Não recolher apenas os indivíduos mais pequenos de uma espécie apenas porque cabem numa folha de herbário ou secam facilmente. Selecionar indivíduos de tamanho médio. Se possível, deve ser recolhido um certo número de plantas para mostrar a variação morfológica dentro da população (tamanho, por exemplo). Devem ser recolhidas amostras suficientes do espécime para encher uma folha de herbário; as flores extra são muitas vezes particularmente úteis.
- Recolher um certo número de duplicados. Os espécimes duplicados fornecem material para troca ou oferta a outros herbários e asseguram que as colecções não se perdem totalmente, caso uma folha seja extraviada ou danificada num herbário. Isto é especialmente importante se uma coleção for posteriormente designada como espécime-tipo.
- Não se deixe sempre dissuadir de recolher o que parece ser material pertencente a uma espécie já recolhida; pode revelar-se diferente daquela a que inicialmente o associou.
- As ervas daninhas devem ser recolhidas, uma vez que as informações obtidas a partir desse material, por exemplo, registos de distribuição, possíveis dados de introdução e taxa de invasão, podem ajudar no controlo.
- Embora as plantas inteiras e os duplicados devam ser recolhidos, deve usar-se de discrição, especialmente se a planta parecer rara. Sempre que possível, recolher pelo menos um exemplar de planta completa para mostrar as partes basais e as raízes, e um duplicado que possa ser depositado noutro herbário. Se acontecer alguma coisa ao primeiro espécime, está disponível um duplicado noutro local.

Tratamento do material recolhido no terreno

Depois de obter material adequado, a tarefa seguinte consiste em tratar os espécimes desde o ponto de recolha até à fase em que são colocados numa prensa permanente. O ideal é prensar o material imediatamente. No entanto, se não houver tempo suficiente para prensar os espécimes no campo, ou se o local de recolha for de difícil acesso com prensas, pode-se colocar os espécimes em sacos de plástico e prensá-los mais tarde. Colocar cada espécime num pequeno saco de plástico, adicionar algumas gotas de água, se possível, e fechar bem o saco. Colocar cada espécime num saco separado poupa tempo ao prensar; há menos danos nos espécimes e as flores ou frutos que possam ter caído são preservados. Por conseguinte, recolher em sacos separados mesmo que as plantas sejam demasiado grandes para fechar os sacos. Para facilitar o transporte dos sacos pequenos, colocá-los num único saco de plástico grande. Não utilizar o método do saco de plástico para espécimes delicados ou que murcham facilmente. Para essas plantas, é necessária uma prensa de campo. Uma prensa de campo é leve e é fechada por correias expansíveis. Tem um dispositivo que permite transportá-la facilmente no campo. Alguns colectores preferem recolher diretamente para uma prensa de campo em vez de utilizar sacos de plástico.

Informações básicas sobre o rótulo

- O nome e o número do coletor são únicos para cada espécime recolhido. Todos os duplicados devem receber o mesmo número de colecionador que o espécime original. O número do coletor é escrito em etiquetas que podem ser colocadas no espécime e nos seus duplicados. O número é também escrito na parte exterior dos flimsies em que o espécime e os seus duplicados são prensados.
- Data em que o espécime foi recolhido. A data de recolha fornece informações valiosas sobre as épocas de floração e frutificação de um táxon e pode ser utilizada no planeamento de viagens para recolher um espécime, para continuar a investigação sobre a população ou para recolher o táxon noutras áreas.
- A localidade refere-se à posição exacta de um espécime. A localidade é medida pela latitude e longitude em graus, minutos e segundos e, na região FSA (*Flora da África Austral*), pela referência do quadrado da grelha de um quarto de grau. Ao registar a localidade, incluir o ponto de referência mais próximo (por exemplo, a cidade mais próxima ou um ponto de referência conhecido) e a localidade exacta. Esta informação é obtida a partir de mapas (1:250.000 ou mais pequenos) juntamente com um instrumento GPS (Global Positioning System). A exatidão das localidades fornece informações importantes sobre a distribuição. Permitem igualmente que os colectores regressem e recolham exatamente no mesmo local ou na mesma planta, por exemplo, no caso de uma árvore.
- **Notas descritivas**

Registar as seguintes informações para cada espécime:

- Pormenores susceptíveis de se perderem no processo de secagem, por exemplo, a cor e as marcas das flores e dos frutos, o cheiro, o látex leitoso e a viscosidade.
- Informação sobre caraterísticas não observáveis no espécime, por exemplo, tempo de abertura ou fecho das flores, sabor, planta hospedeira parasita e condições de luz.
- Aspeto, altitude, tipo de vegetação (prados, florestas, etc.), geologia.
- Forma de vida, tamanho da planta, altura, diâmetro do caule (árvores).
- Habitat e factores como o tipo de solo e o regime de humidade (pântano, areia ou rochas, locais abertos, sombra, etc.).
- Para briófitos, fungos e líquenes, registar o substrato de cada espécime.
- Abundância - se é frequente ou raro.
- Utilizações e nomes comuns locais.
- Se serve de comprovativo (por exemplo, para uma pintura, desenho, fotografia ou material do banco de sementes).
- Polinizador.

8.4. Prensagem e secagem

Depois de ter recolhido material vegetal, a prensagem é o passo seguinte na criação de um espécime. A prensagem achata e seca as plantas e permite a sua montagem e conservação. Objectivos principais; ao pressionar espécimes, os seus objectivos devem ser

- Achatar os espécimes o mais possível, uma vez que os espécimes volumosos ocupam muito espaço.

- Evitar a murchidão.
- Colocar os espécimes de forma a que as diferentes partes da planta sejam claramente visíveis.
- Preservar os órgãos delicados sem os esmagar.

A prensa vegetal

Quando se prensam espécimes vegetais, acontecem duas coisas: o material vegetal perde gradualmente a sua humidade, enquanto a pressão exercida pela prensa achata o material.

Componentes de uma prensa vegetal

Uma prensa vegetal é constituída pelas seguintes partes:

- Duas armações de madeira ou metal, fortes e rígidas, ligeiramente maiores do que a placa de montagem normal do herbário.
- Duas correias expansíveis que são fortes e fáceis de abrir, fechar e apertar. (Sugerimos correias com argolas redondas ou em D).

Figura. 107. Prensagem de espécimes vegetais

À medida que o material vegetal se achata e perde humidade, as correias devem ser apertadas regularmente para garantir que as plantas são pressionadas até ficarem planas.

- Papel de secagem com boas propriedades de absorção. As dimensões devem ser de 280 x 450 mm, um pouco maiores do que a placa de montagem normal. Pode ser utilizado um jornal cortado à medida como substituto. O papel de secagem deve ser mudado regularmente durante os primeiros dias de prensagem. Isto é ainda mais importante se o espécime tiver um elevado teor de humidade ou se a atmosfera for muito húmida.
- Os frágeis devem ser de papel fino, resistente e ligeiramente absorvente. (O espécime de planta é colocado no papel frágil antes da prensagem e mantido nele até à montagem). Recomendamos jornal não impresso, mas também pode utilizar jornal impresso. Dobre o papel de ambos os lados com a abertura no centro para evitar que o material escorregue para fora. Quando dobrado, o papel deve ter o tamanho de uma placa de montagem de herbário padrão (270 x 420 mm). O nome e o número do colecionador devem figurar no exterior, no canto inferior direito. (Alguns herbários preferem que figurem no canto superior direito).

- As folhas de cartão canelado são utilizadas como ventiladores ou separadores e devem ser do mesmo tamanho que o papel de secagem (280 x 450 mm), ou ligeiramente maiores. Para permitir que o fluxo de ar acelere o processo de secagem, as ondulações dos ventiladores devem ser paralelas aos lados mais curtos. Os ventiladores evitam também que os espécimes volumosos danifiquem os mais delicados.

Como embalar uma prensa para plantas, passo a passo

Uma prensa vegetal é embalada na seguinte sequência:

1. Estrutura em treliça de madeira.
2. Cartão.
3. Duas folhas de papel de secagem.
4. F] imsy with the spedmen.
5. Dois papéis secantes, seguidos de outro frágil com um exemplar e assim por diante.
6. Utilizar um ventilador de cartão depois de cada cinco a oito especi mens.
7. Termine com um ventilador de cartão e a segunda estrutura de madeira e, em seguida, puxe] as correias.

How to pack a plant press step by step

A plant press is packed in the following sequence:

1. Wooden lattice frame.
2. Cardboard.
3. Two sheets of drying paper.
4. Flimsy with specimen.
5. Two drying papers, followed by another flimsy with a specimen and so forth.
6. Use a cardboard ventilator after every five to eight specimens.
7. Finish with a cardboard ventilator and the second wooden lattice frame and then pull the straps tight.

Figura 108. Uma prensa de plantas embaladas com as cordas apertadas
NB: (A); fecho das correias e dos anéis em D (B)

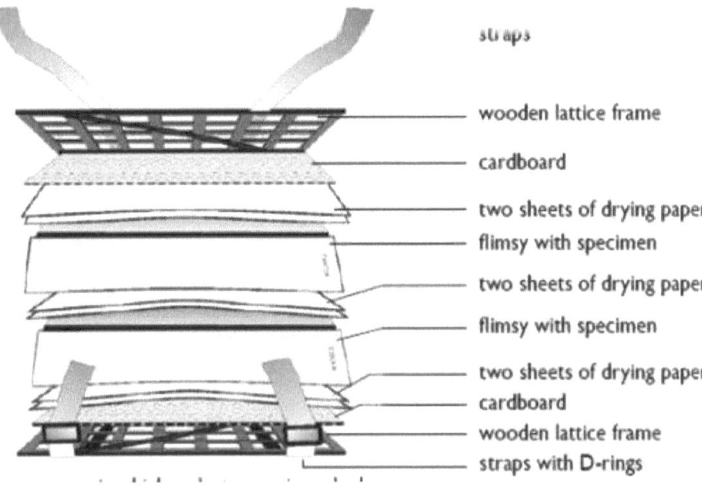

Figura 109. Sequência de embalagem de uma prensa vegetal

8.5. Espécimes de montagem

Pode parecer mais fácil manusear espécimes não montados, mas o manuseamento normal danifica-os facilmente - o material vegetal seco tende a ser muito frágil. A prática de montar espécimes secos reduz esses danos. Isto é importante porque muitos espécimes são insubstituíveis e um dano ou perda de fragmentos torná-los-ia cientificamente inúteis. Se se cuidar deles, os espécimes bem montados podem durar indefinidamente.

Principais objectivos: Ao montar espécimes de plantas, os seus objectivos devem ser

- Tornar o espécime mais fácil de manusear e mais acessível para estudo ou referência.
- Apresentar o espécime de modo a permitir a observação máxima de todos os caracteres.
- Exibir todos os rótulos de forma clara.
- Para evitar danos e preservar o espécime, fixá-lo firmemente num papel ou cartão resistente e isento de ácido.
- Utilizar materiais de fixação que possam ser facilmente removidos e substituídos. Isto permite uma observação mais clara do espécime e facilita a remoção de pequenas partes para um estudo mais pormenorizado.

Material e equipamento

- Cartolinas brancas de boa qualidade, de preferência sem ácidos, com um tamanho normalizado (270 x 420 mm) e uma gramagem (300 g/m^2 e 400 g/m^2).
- Cola e aplicador (por exemplo, o bocal do frasco de cola, um pincel ou um bisturi).
- Papel firme (230 g/m^2) para envelopes de briófitos e líquenes.
- Envelopes para flores pequenas (ou extra), frutos, folhas e sementes.
- Papel gomado branco ou papel autocolante cortado em tiras, utilizado para fixar os espécimes às placas de montagem.
- Toalhas de papel para limpar o excesso de cola.
- Folhas grossas de cartão canelado, ligeiramente maiores do que as tábuas de montagem (280 x 420 mm), para apoiar os espécimes enquanto a cola seca.
- Papel encerado (ligeiramente maior do que a placa de montagem) agrafado ao papel

de secagem; este é colocado em cima de espécimes acabados de colar para evitar que a cola adira à folha de cima enquanto está a secar.

- Etiquetas para indicar que um espécime é constituído por mais do que uma placa de montagem, por exemplo, "Folha I" a "Folha IV".
- Tesoura, faca, fórceps e bisturi.
- Pequenos pesos de aço, planos, para segurar partes da planta durante a montagem.
- Pincel pequeno para remover a sujidade do espécime.
- Agulha e linha grossas, como a ráfia, para fixar peças mais volumosas.
- Sacos de areia, pesando cerca de 5 kg (feitos de material denso como lona, para evitar que a areia passe), para pressionar uma pilha de espécimes enquanto a cola seca.
- Superfície firme e rígida (como madeira ou plástico) do mesmo tamanho que uma placa de montagem, para colocar por baixo do saco de areia para garantir que o peso é distribuído uniformemente.
- Esponja e pires com água para molhar as tiras de papel gomado.
- Caneta com tinta à prova de água, lápis e uma borracha de boa qualidade.
- Carimbo e almofada com o nome do herbário, carimbo auto-entintado ou etiqueta com o nome do herbário. O espécime é carimbado ou etiquetado à direita, acima da etiqueta com os dados principais, para indicar que pertence a um herbário específico.

Procedimentos de montagem: Comece por decidir se quer montar todo o material ou apenas o melhor exemplar dos duplicados que mostram todos os caracteres e variações da planta na coleção. Em seguida, selecionar placas de montagem com o peso adequado: mais leves para espécimes delicados e mais pesadas para espécimes mais robustos. Depois, montar o espécime na seguinte sequência (descrita com mais pormenor nas páginas seguintes):

- Dispor o espécime.
- Guardar as peças pequenas soltas em envelopes de papel.
- Ao fixar o espécime no quadro, garantir que haja espaço suficiente para colar a etiqueta principal no canto inferior direito.
- Cola a etiqueta no quadro.

Arranjo dos espécimes: Antes de dispor o espécime, deve limpar-se a areia e a sujidade aderentes ao espécime com um pincel fino ou soprando suavemente sobre o espécime. Dispor o espécime na folha de montagem; não mostrar apenas o arranjo mais agradável ou artístico, mas ter em mente o objetivo científico, apresentando o espécime de modo a mostrar todas as suas caraterísticas.

- Mostrar os dois lados das folhas e das flores e, no caso dos fetos, as superfícies estéreis e férteis.
- Expor as flores ou os frutos escondidos, retirando o excesso de folhas e colocando-os num envelope de papel, juntamente com quaisquer outras partes pequenas e soltas.
- Não juntar peças para facilitar e acelerar a montagem.

Se necessário, as peças maiores podem ser montadas separadamente na folha.

- Se as partes do espécime tiverem de ser colocadas umas sobre as outras, tentar montar as partes mais delicadas por baixo das mais volumosas.
- Os espécimes não devem sobressair dos bordos da placa de montagem.
- Os espécimes não devem ser montados por baixo ou por cima do rótulo principal.
- Tente manter todos os espécimes de uma folha alinhados na mesma direção. Se possível, colocar sempre o espécime maior ou mais pesado na parte inferior para evitar

que a folha se dobre quando é manuseada

- Os exemplares maiores devem ser dispostos na diagonal.
- Aparar as plantas apenas se não houver outra forma de as colocar numa placa de montagem padrão.
- Aparar espécimes irregulares com espinhos ou ramos salientes que possam danificar as folhas adjacentes no armário do herbário.

Envelopes: As pequenas partes soltas (incluindo partes importantes cortadas da planta), as plantas demasiado pequenas para serem montadas e os espécimes ou partes muito delicados devem ser colocados num envelope.

- Os envelopes que contêm plantas minúsculas devem ser colocados no centro da folha, com uma ou duas plantas montadas fora do envelope, se possível, a título de exemplo.
- Escrever o nome e o número do colecionador no envelope para o caso de este se desprender.
- Os envelopes que contêm peças soltas são normalmente colados no canto superior esquerdo da placa de montagem, mas a posição depende do espaço disponível.
- Existem vários modelos e tamanhos diferentes de envelopes. Quando dobrado e colado no quadro, o envelope deve ficar fechado para evitar que pequenas sementes ou partes caiam. Deve abrir-se de forma plana para permitir a observação sem danificar a planta.
- O material dissecado, as sementes ou outras partes que se soltem do espécime devem também ser colocados num envelope.

Colagem: Tenha em atenção as seguintes diretrizes quando colar espécimes na placa de montagem:

- A colagem é irreversível e muitas vezes cobre caracteres importantes. Por conseguinte, utilizar o mínimo possível. Não aplique muita cola na base das plantas, pois pode cobrir caraterísticas importantes como escamas ou pêlos. Isto é especialmente importante no caso dos fetos. O excesso de cola também impede a remoção fácil de partes para efeitos de estudo.
- A cola para madeira é duradoura e seca de forma clara. As peças delicadas ou as que são frequentemente necessárias para a dissecação não devem, de preferência, ser coladas. Se for absolutamente necessário usar cola, usar um adesivo solúvel em água, como a metilcelulose.
- Aplicar a cola na parte de trás do espécime. Ter especial cuidado para que a cola permaneça invisível a partir de cima.
- Limpar o excesso de cola com uma toalha de papel ou papel higiénico e, em seguida, colocar o espécime na placa de montagem.
- Trabalhe rapidamente e aplique a cola de uma só vez para evitar que as folhas delicadas absorvam a água da cola e se enrolem.
- Cobrir cada espécime com papel de cera para evitar que qualquer excesso de cola adira a outros espécimes ou folhas. Empilhar os espécimes colados entre tábuas onduladas, com um saco de areia colocado no topo como peso para garantir que os espécimes são pressionados na horizontal enquanto a cola seca. Apoiar o saco de areia com uma tábua de madeira ou objeto semelhante. Deixar os espécimes assim até a cola secar. Manter os espécimes de volume irregular separados da pilha principal.
- Manusear com cuidado as amostras em que a cola está a secar, uma vez que o movimento pode fazer com que a amostra se desloque ou parta.

- Muitas vezes, uma pequena etiqueta com o número do colecionador é presa ao espécime por um fio. Esta etiqueta deve ser colada na folha e conservada com o espécime. Se houver escrita em ambos os lados da etiqueta, deixá-la solta, enfiada debaixo de uma parte do espécime.

Cintagem: Quando a cola tiver secado, prenda todas as peças soltas com fitas de papel gomado. As fitas são reversíveis, permitindo a remoção fácil das peças para estudos pormenorizados.

- Utilizar cintas de largura adequada (2 mm, 3 mm ou 6 mm). Utilizar cintas estreitas nas partes mais finas do provete e cintas mais largas quando for necessária uma resistência suplementar, por exemplo, sobre caules grossos.
- Colocar as tiras sobre o provete a intervalos regulares e colar as duas extremidades à folha. Colocar tiras suficientes para manter o espécime firmemente no lugar, caso as partes coladas se soltem, mas não colocar tiras em excesso de modo a que o espécime fique obscurecido.
- As precintas devem prolongar-se 10-15 mm para além da parte do provete que deve ser amarrada.
- As correias devem ser colocadas por baixo das partes da planta para manter o espécime firmemente no lugar. Utilizar pinças para colocar as correias firmemente à volta e por baixo dos caules.
- Evite amarrar pormenores importantes como as flores, as pequenas inflorescências ou a base de uma planta. As excepções a esta regra são as flores grandes ou as cabeças floridas e as inflorescências muito longas e delicadas que necessitam obviamente de um apoio suplementar para evitar danos. Nestes casos, coloque as correias perto da base e ao longo de pontos convenientes.
- As correias individuais não devem cobrir grandes quantidades ou diferentes espessuras de material, uma vez que é difícil colar corretamente a correia. Consequentemente, a planta não ficará bem presa.
- Sempre que possível, alinhar as precintas numa direção, de preferência paralela à parte inferior da placa de montagem.
- Não molhar demasiado as correias, uma vez que estas não aderem ao lençol.
- Apalpar suavemente para se certificar de que todas as peças foram fixadas.

Costura: A costura com agulha e linha é utilizada para fixar partes muito volumosas de um espécime à placa de montagem. É adequada uma linha forte, mas não muito grossa, ou ráfia natural. Os pontos são atados na parte de trás da placa de montagem e os nós são cobertos com papel gomado. Deste modo, evita-se que o fio fique preso nos espécimes subjacentes quando arquivados no herbário.

Montagem de etiquetas: As seguintes indicações guiarão o utilizador na montagem de etiquetas na folha de herbário:

- As etiquetas podem ser coladas na folha de herbário antes ou depois da montagem do espécime.
- Devem ser dactilografadas ou copiadas novas etiquetas se as etiquetas principais forem de má qualidade, mas os originais devem ser conservados com o espécime. Os originais podem ser montados no canto superior esquerdo, diretamente na folha ou num envelope. Colar a etiqueta principal no canto inferior direito.
- Não colocar a etiqueta sobre qualquer parte do espécime ou por baixo do mesmo.
- Aplique um pouco de cola nos bordos de toda a etiqueta, coloque-a na placa de

montagem e alise-a com uma toalha de papel ou um pedaço de cartão plano e limpo. Nunca colar apenas um dos bordos de uma etiqueta. Limpe o excesso de cola.

- Deixar um espaço acima da etiqueta principal para o carimbo do herbário e quaisquer outras etiquetas.

8.6. Curadoria física

A curadoria física envolve a preparação de espécimes de herbário e o seu manuseamento, armazenamento e conservação no herbário. Os métodos de armazenamento de espécimes baseiam-se em certas convenções, mas têm sido personalizados em todo o mundo por muitos herbários diferentes. Consequentemente, são praticados numerosos métodos. Os métodos descritos neste capítulo destacam o que consideramos ser os sistemas mais práticos e eficientes para a conservação de uma coleção de espécimes.

Armazenamento de espécimes

Os grupos de espécimes são armazenados em capas de espécies, que por sua vez são armazenadas em capas de géneros.

Espécies abrangidas

Para as capas das espécies, é utilizado papel firme sem ácido. Quando dobrada ao meio, a capa deve ser ligeiramente maior do que uma folha de montagem (550 mm^{x} 420 mm desdobrada). O número de taxon (obtido de uma revisão ou da Flora), o nome da espécie e o autor devem ser escritos a lápis no exterior da capa, no canto inferior direito. Pode ser útil incluir informações sobre a distribuição na capa da espécie. As informações relativas à espécie, tais como cópias de referências, notas sobre espécies semelhantes, caracteres distintivos e usos, nomes comuns, fotografias, mapas e artigos de revistas, devem ser guardadas na sua própria capa de espécie, marcada com "Notas" ou "Literatura" no início de cada espécie. Um ficheiro separado no início de uma família ou género pode ser usado para guardar informação sobre essa família ou género.

Género abrange

As pastas resistentes são utilizadas para guardar algumas capas de espécies que contenham espécimes. É preferível utilizar cartão fino ou papel espesso, isento de ácidos, ligeiramente maior do que uma folha de montagem quando dobrada (570 mm x 430 mm desdobrada) com uma lombada central (duas dobras com 1 cm de distância). O nome do género e o número devem ser escritos com tinta permanente; os nomes das espécies são escritos a lápis, porque estão mais sujeitos a alterações. Os nomes dos géneros e das espécies, os números e as etiquetas das áreas geográficas são geralmente colocados na parte inferior, o que facilita a procura numa pilha no armário sem ter de a retirar completamente. As etiquetas suspensas com código de cores facilitam a distinção entre diferentes regiões (ou países).

Coberturas de tipo

As capas de tipo indicam a presença de espécimes-tipo. Mesmo que o espécime seja uma fotografia ou um fragmento de um tipo, deve ser colocado numa capa de tipo. O papel forte e isento de ácido é dobrado de uma forma especial para assegurar uma melhor proteção e para evitar que o espécime caia quando a capa é manuseada. Para tornar a capa visível, imprime-se ou marca-se uma faixa colorida (por convenção, vermelha) ao longo do bordo inferior.

Figura 110. Caraterísticas de um bom provete

8.7. Diretrizes para o manuseamento de espécimes

Ao trabalhar com espécimes, retirar todos os espécimes de uma prateleira.

- Colocar um cartão com o seu nome no cacifo para que os outros trabalhadores saibam onde estão os espécimes.
- Manter as portas dos armários fechadas para evitar a entrada de insectos e poeiras.
- Nunca escrever na etiqueta principal de um espécime; se escrever na folha de montagem, usar lápis e reduzir ao mínimo.
- Os espécimes devem ser mantidos sempre na horizontal e planos e nunca devem ser dobrados; segurar ambos os lados da folha ao manusear espécimes; ao transportar espécimes, colocá-los sobre uma folha de cartão.
- Nunca baralhar os espécimes, pois os bordos das folhas podem cortar os espécimes subjacentes.
- Observe os espécimes empilhando e desempilhando cada espécime individualmente com a planta virada para cima. Não folhear os espécimes como se fossem páginas de um livro, nem empilhar os espécimes com a planta virada para baixo.

- Nunca pousar um objeto sobre um espécime.
- Os espécimes podem ser danificados pela luz solar, poeira, vento e humidade, pelo que devem ser sempre protegidos quando não estão a ser utilizados. Se os espécimes forem deixados fora de um armário, devem ser cobertos com uma folha de cartão.
- Ao armazenar os espécimes, não os empacotar muito numa única prateleira; não encher demasiado as capas para géneros e espécies.
- Ao recolocar os espécimes no armário, certificar-se de que as folhas estão todas alinhadas, uma vez que as arestas salientes podem ser danificadas. Escrever os pormenores em tinta de arquivo no canto inferior direito da capa, indicando o tipo, o nome do táxon, a referência da publicação do tipo, o colecionador e o número de coleção, o número da família e o número do género (se aplicável).

A localidade - (pelo menos o país) - também pode ser útil. Para mais informações sobre tipos, ver "Espécimes-tipo". Rotulagem de espécimes

As etiquetas são partes muito importantes dos espécimes de herbário e devem ser bem coladas para evitar que se rasguem. São utilizados os seguintes tipos de etiquetas nos espécimes:

- Etiqueta principal: A etiqueta de dados básicos, que especifica as informações essenciais, é colocada no lado inferior direito da placa de montagem.
- Etiqueta de campo original: Normalmente colocada no canto superior esquerdo da folha de montagem. Quaisquer etiquetas utilizadas pelo colecionador são montadas com o espécime.
- Etiquetas de nomenclatura: Colocadas o mais próximo possível da etiqueta principal, no espaço disponível mais próximo. Se não houver espaço disponível, pode ser colada apenas de um lado, com a etiqueta sobre a planta (de preferência sem ocultar caracteres taxonomicamente importantes, como as flores, ou a base da planta). Estas etiquetas incluem o seguinte:
- As etiquetas *Det.* (*determinavit* = determinado) ou *Conf.* (*confirminavit* = confirmado) indicam a data e o nome da planta e a pessoa que efectuou a identificação ou confirmou o nome.

As duplicatas de tais espécimes, não vistas pela pessoa que identificou o original, devem ser etiquetadas com as palavras "ex num." (*ex numero* = do número), o que significa que foi identificado outro espécime com esse número.

- As etiquetas "*Citado*" ou *"Citado*" registam que o espécime foi citado numa publicação. Estas etiquetas indicam o nome da planta, a referência, o autor e a data de publicação.

- Na parte inferior da folha são geralmente colocadas várias pequenas etiquetas com outras informações. Exemplos de tais etiquetas são as seguintes:

- Espécime-tipo
- Espécime de registo
- Referências cruzadas para as colecções auxiliares
- Notas relativas à remoção do pólen ou de outros materiais
- Referência de grelha de um quarto de grau
- Tratamento de insectos (tipo e data)
- "Flora of Tropical East Africa", um exemplo de um espécime que faz parte de uma coleção de uma determinada área.
- Origem do espécime, por exemplo, "Ex herb. Harare" (*ex herbarium* = do herbário)

- Etiqueta com o nome do herbário (pode ser uma parte da etiqueta principal ou um carimbo)

Produção de etiquetas

As seguintes diretrizes são úteis para a criação de etiquetas para espécimes:

- Utilizar papel bond não vidrado e sem ácidos de boa qualidade.
- As etiquetas autocolantes, como as etiquetas "*Det.* slips" ou "*Cited* as labels", devem ser de qualidade de arquivo. As etiquetas autocolantes normais caem ao fim de algum tempo ou podem tornar-se transparentes ou descoloridas. Em alternativa, utilizar etiquetas de papel sem ácido, coladas com um adesivo permanente, como cola de madeira ou metilcelulose.
- Evite utilizar líquidos corretores nas etiquetas, uma vez que estes são muito ácidos e podem danificar o papel com o tempo.
- De preferência, as etiquetas devem ser impressas ou dactilografadas. Se forem escritas à mão, utilizar tinta preta permanente e à prova de água.
- As fotocópias das etiquetas são suficientes para os duplicados.

Números de acesso

Existem várias utilizações do termo número de acesso. Refere-se mais frequentemente ao número num registo (normalmente um livro) mantido para registar todos os espécimes que entram e que são incorporados no herbário. Ocasionalmente, pode também referir-se ao número dado aquando da informatização da coleção. Se não existir um registo nem um número de colecionador (normalmente registado como *s.n.*; *sans numero* = sem número), pode ser atribuído ao espécime um número de acesso de herbário.

Apresentação de espécimes

Os espécimes de plantas são organizados sistematicamente ou por ordem alfabética; por vezes é utilizada uma combinação dos dois sistemas. Para um resumo completo dos sistemas de classificação, consultar (Brummitt (1992).

Disposição alfabética

Numa organização alfabética, as famílias, depois os géneros dentro das famílias e, finalmente, as espécies dentro destes géneros, são organizados alfabeticamente. As disposições alfabéticas são raramente utilizadas ao nível da família, por vezes ao nível do género e frequentemente ao nível da espécie. A vantagem de um sistema alfabético é que é fácil para o não especialista encontrar os taxa. A desvantagem é que os táxones relacionados - e, por conseguinte, semelhantes - são colocados muito afastados, pelo que a identificação por correspondência se torna mais difícil. (Um Guia Rápido pode ultrapassar esta desvantagem; ver "Guias Rápidos".) Os erros também se podem infiltrar facilmente; por exemplo, um táxon pode ser arquivado sob um nome antigo, bem como sob outro nome, sem que isso seja notado.

Disposição sistemática

Dentro de um arranjo sistemático, famílias e géneros semelhantes são colocados próximos uns dos outros, facilitando a identificação por correspondência. Os dois sistemas mais utilizados para a organização das famílias são

- Dalla Torre e Harms. 1900-1907. *Género Siphonogamarum.* Esta disposição é geralmente designada por sistema Engleriano, uma vez que *Genera Siphonogamarum* é uma disposição numérica do sistema de Engler e Prantl *Die Naturlichen Pflanzenfamilien.* Esta é a base do sistema utilizado no PRE.
- Bentham & Hooker. 1862-1883. *Genera Plantarum.*

Este trabalho constitui a base do sistema utilizado em Kew.

Quando se utiliza uma organização sistemática, pode ser difícil para um não especialista encontrar as famílias e incorporar novo material na coleção, uma vez que tal requer conhecimentos especializados e uma boa referência ao sistema de arquivo. Outra desvantagem é que uma grande alteração na organização sistemática, resultante de investigação recentemente publicada, pode tornar necessário alterar a disposição física de grande parte da coleção.

Outras subdivisões

Tanto no sistema sistemático como no alfabético, a disposição dos espécimes pode ser subdividida em regiões geográficas ou florísticas maiores e depois menores (por exemplo, região *da Flora zambesiaca*, região da *Flora da África Austral*). Um exemplo de uma disposição geográfica é a utilizada na PRE. As principais regiões utilizadas para cada género são FSA (Flora da África Austral), África Tropical (resto de África), Ilhas do Oceano Índico, Ilhas Subantárcticas e África Extra (resto do mundo). Dentro destas, a maioria é subdividida em países (por exemplo, Angola, Zâmbia), ou Floras (por exemplo, *Flora zambesiaca, Flora da África Oriental Tropical*).

Dentro das espécies, é frequentemente utilizada a subdivisão geográfica em província, referência de grelha ou região. A disposição geográfica facilita a identificação através da correspondência ou procura de um espécime específico. Além disso, os espécimes incorretamente identificados destacar-se-ão se a sua distribuição não coincidir. Índices e listas de armários Um índice facilita o trabalho com a coleção. Se os ficheiros forem organizados de forma sistemática, os números de família e de género podem ser obtidos a partir de fontes bibliográficas como Dalla Torre e Harms (1958). Para facilitar a consulta, fazer uma lista alfabética dos géneros relevantes e dos seus números. Uma lista de armário é uma lista alfabética das espécies de cada género, mostrando a sua sequência numérica na coleção. A sequência numérica é obtida a partir de uma revisão ou Flora em que as espécies são ordenadas filogeneticamente e depois numeradas. A referência da publicação deve ser incluída na lista.

Etiquetagem de amostras

Name of Herbarium: ______________________________

Plant Family ______________________

Species ________________ founder of species name __________

Common name ______________________________

Plant location: altitude __________, latitude __________, longitude ________

Plant habit ________; Habitat ______________________

Plant description ______________________________

Collector's Name. ______________________________

Collection number ______________________________

Date of collection ______________________________

Bibliografia

Baily, J. (2003). *The Facts on File Dictionary of Botany*. Market House Books Ltd. Nova Iorque, EUA.

Beentje, H. (2010). *O Glossário de Plantas de Kew*. Jardim Botânico Real de Kew, Richmond, Reino Unido.

Bell, P.R. e Hemsley, A.R. (2000). *Plantas verdes: Their origin and diversity*. Segunda edição, Cambridge University Press, Cambridge, Reino Unido.

Bendre, A. (2010). *Botânica prática 2*. Publicações Rastogi, Nova Deli, Índia.

Berg, L.R. (2008). *Botânica: Plantas, pessoas e o ambiente*. Segunda edição. Thomson Brooks/Cole, Belmont, EUA.

Boweg, B.G. (1995). *A color Atlas of Plant Structure*. Manson Publishing, Reino Unido.

Edwards, S., Sebsebe Demissew e Hedberg, I. (eds.) (1997). *Flora of Ethiopia and Eritrea Vol. 6. Hydrocharitaceae a Arecaceae*. Herbário Nacional, Adis Abeba, Etiópia, Uppsala, Suécia.

Edwards, S. Mesfin Tadesse, e Hedberg, I. (eds.) (1995). *Flora of Ethiopia and Eritrea Vol. 2 part 2*. Canellaceae to Euphorbiaceae. Herbário Nacional, Adis Abeba, Etiópia, Uppsala, Suécia.

Edwin, R., Sankar, T.P., Sekar, T. e Munusamy, S. (2006). *Biologia: Botânica, segundo ano do ensino secundário superior*. Primeira edição. Governo de Tamil Nadu, Chennai, Tamil Nadu.

Glimn-Lacy, J. e Kaufman, P.B. (2006). *Botânica Ilustrada: Introduction to plants, Major Groups, Flowering Plant Families (Introdução às plantas, Grupos principais, Famílias de plantas com flores)*. Segunda edição. Springer, Nova Iorque, EUA.

Goldberg, A. (2003). *Variação de caracteres em famílias de angiospermas*. Smithsonian Institution contribution from the United States National Herbarium. Vol. 47 1 185. Washington, EUA.

Harris, J. e Harris, M.W. (2001). *Plant identification Terminology*. Um Glossário ilustrado. 2nd
edição, Spring Lake Publishing, Spring Lake, EUA.

Hedbreg, I., Ensermu Kelbessa, Edwards, S., Sebsebe Demissew e Persson, E (eds.) (2006).
Flora of Ethiopia and Eritrea Vol. 5. Gentiaceae to Cyclocheilaceae. Herbário Nacional, Adis Abeba, Etiópia, Uppsala, Suécia.

Hedbreg, I. e Edwards, S. e Sileshi Nemomsa (eds.) (2003). *Flora of Ethiopia and Eritrea Vol. 4 Part 1*. Apiaceae a Dipsacaceae. Herbário Nacional, Adis Abeba, Etiópia, Uppsala, Suécia.

Hedbreg, I., Friis, I. e Edwards, S. (eds.) (2004). *Flora of Ethiopia and Eritrea Vol. 4 Part 2*. Asteraceae (Compositae). Herbário Nacional, Adis Abeba, Etiópia, Uppsala, Suécia.

Hedbreg, I. e Edwards, S. (eds.) (1989). *Flora of Ethiopia and Eritrea Vol. 3*. Pittosporaceae to Raliaceae. Herbário Nacional, Adis Abeba, Etiópia, Uppsala, Suécia.

Hopkins, W.G. e Huner N.P.A. (2009). *Introdução à Fisiologia Vegetal*. Quarta edição. John Wiley & Sons, Inc, EUA.

José, S. e Clennett, C. (2019). *Árvores, folhas, flores e sementes. A visual Encyclopedia of the plant kingdom (Uma enciclopédia visual do reino vegetal)*. Dorling Kindersley Publishing, Nova Iorque, EUA.

Judd, W.S., Cambell, C.S., Kellogg, E.A., Stevens, P.F. e Donguhue, M.J. (2008). *Plant Systematics: A phylogenetic Approach*, 2ª edição, Sinauer Associates, Inc., Sundeland, EUA.

Ksser, K., Kadereit, J.W., Luttge, u. e Runge, M. (2000). *Progress in Botany 61*: Genetics, physiology, systematics and ecology, Springer-Verlag, Berlin, Germany.

Kubitzki, E.K. (2007). *The Families and Genera of Vascular Plants* Volume IX: Plantas com flores, Eudicots. Springer-Verlag, Berlim, Alemanha.

Kumar, B. (2010). *Um Livro de Texto de Botânica Prática 1*. Publicações Rastogi, Nova Deli, Índia.

Lack, A.J. e Evans, D.E. (2005). *Biologia Vegetal*. BIOS Scientific Publishing. Taylor and Francis, Oxford, Reino Unido.

Langenheim, J.H. e Thimann, K.V. (1982). *BOTANY: Plant Biology and its Relation to Human Affairs*. John Willey & Sons Inc. Universidade da Califórnia, EUA.

Mauseth, J.D. (1998). *Botânica: An Introduction to Plant Biology*. Segunda edição. Jones e

Bartlett publishers, INC., Boston, EUA.

Mesfin Tadesse (2004). *Asteraceae (Compositae). Flora of Ethiopia and Eritrea Vol. 4 part 2*. Hedber, I. Friis, I. e Edwards, S. (eds) (2004). Herbário Nacional, Adis Abeba, Etiópia, Uppsala Suécia.

Phillips, S. (1995). *Poaceae (Graminae). Flora of Ethiopia and Eritrea Vol. 7*, Hedbreg, I. e Edwards, S. (eds.). Herbário Nacional, Adis Abeba, Etiópia, Uppsala, Suécia.

Pijl, I.V. der (1982). *Principles of Dispersal in Higher Plants (Princípios de Dispersão em Plantas Superiores)*. 3rd edition. Springer-verlag Berlin,

Alemanha.

Seidemann, J. (2005). *World Spice plants; Economic usage, Botany and Taxonomy*, Springer

Verlag Berlin, Heidelberg, Alemanha.

Simpson M.G. (2006). *Plant Systematics*. Elsevier Academic Press. Nova Iorque, EUA.

Shipunov, A. (2018). *Introdução à Botânica*. Universidade Estadual de Minot. EUA.

Slotis, D.E., Slotis, P., Endress, P.K. e Chose, M.W. (2005). *Filogenia e evolução de Angiospermas*. Sinauer Associates, MA, EUA.

Singh, G. (2010). *Sistemática de plantas: An Integrated Approach*. Terceira edição. Science Publishers,

EUA.

Spencer, R., Cross, R. e Lumley, P. (2007). *Nomes de plantas. A Guide to Botanical Nomenclature*. Terceira edição. The Royal Botanic Garden, Melbourne, Austrália.

Stace, C.A. (2000). *Plant Taxonomy and Biosystematics*. 3rd edition. Edward Arnold, Routledge,

REINO UNIDO.

Taiz, L. e Zeiger, E. (2003). *Fisiologia vegetal*. 3rd edition. Sinauer Associates, Annals of Botânica.

Walpole, B., Davies, A.M., e Dann L. (2011). *Biologia para o Diploma IB*. Cambridge University Press, Cambridge, Reino Unido.

Wang, X. (2010). *The Dawn Angiosperms uncovering the origin of flowering plants*. Springer

Verlag Berlin Heidelberg, Alemanha.

Willis, K.J. e McElwain, J.C. (2002). *The evolution of plants*. Oxford University Press. Nova Iorque, EUA.

Key: A= *Impatiens tinctoria* (Masha and Tepi market), B, G & L= *Phoenix reclinata* (Tepi and Mash market), C & D= *Ozoroa pulcherima* (Tepi , Gecha and Masha Markets), E= *Trichillia dregeana* (Tepi, Gecha and Masha markets), F= *Echinops kebericho*,

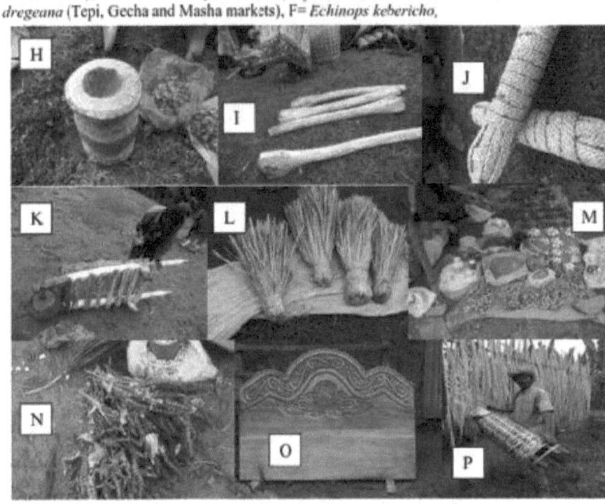

Key: H, I, K and O = Wood products of *Cordia africana*, *Pouteria adolfi-friedericii*,K= Rope made of bark of *Hibiscus ludwigii* (Malvaceae) and *Dombeya torida* (sterculaceae) species, M= Medicinal spices, N= *Ocimum basilicum*, P= Bee hive made of *Arundinaria alpina*

Importância económica das plantas de sementes nos mercados locais da Etiópia

MIX
Papier aus verantwortungsvollen Quellen
Paper from responsible sources
FSC® C105338

Printed by Books on Demand GmbH, Norderstedt / Germany